“职业技能岗位等级培

北京市园林局

中级花卉工培训考试教程

古润泽　主编

中国林业出版社

图书在版编目(CIP)数据

中级花卉工培训考试教程/古润泽 主编. －北京:中国林业出版社,2005.12
(2016.6 重印)
(职业技能岗位等级培训系列丛书)
ISBN 978-7-5038-4060-9

Ⅰ. 中… Ⅱ. 古… Ⅲ. 花卉－观赏园艺－技术培训－教材 Ⅳ. S68

中国版本图书馆 CIP 数据核字（2005）第 096231 号

出版 中国林业出版社(100009 北京西城区德内大街刘海胡同 7 号)
网址 lycb. forestry. gov. cn 电话:83143542
发行 新华书店北京发行所
印刷 北京市昌平百善印刷厂
版次 2006 年 1 月第 1 版
印次 2016 年 6 月第 2 次
开本 787mm×960mm 1/16
印张 16
字数 287 千字
印数 5001～7000 册
定价 29.00 元

序

随着我国产业结构调整以及市场经济体制的不断发展，为建立统一、开放、竞争、有序的劳动力市场，我国广泛开展了行业领域内的职业技能岗位培训和鉴定工作。开展此项工作，有利于促进劳动力资源的合理配置，调动职工学习技术的积极性，从而提高职业队伍素质，促进经济发展。

为了促进园林绿化事业的发展，适应社会对园林行业专业技能人才的需求，加强园林绿化系统各行业的劳动管理，满足各地园林绿化职业培训、鉴定工作的实际需要，我们在《园林工人技术等级培训教材》的基础上，组织原编者、园林专家、学者进行了重新修订，出版了“职业技能岗位等级培训”系列丛书。这套丛书包括园林绿化与育苗工（初级、中级、高级）、花卉工（初级、中级、高级）、插花员（初级、中级、高级）、观赏动物饲养工（初级、中级、高级）、游船驾驶员、导游员6类工种，共计14种图书。它全面、系统地阐述了各类工种专业知识和操作技术，介绍了现代园林专业知识和新技术岗位规范，提升了教材的理论与实践知识水平，同时增加了简明易懂的操作规程说明，便于职工在技术岗位工作中的学习和运用。它还从强化培养操作技能、掌握一门实用技术的角度出发，较好地展现了各类职业当前最新的实用知识与操作技术，对于提高从业人员基本素质，掌握各类职业的核心内容与方法有直接的帮助和指导作用。

组织出版这套系列丛书的目的是为了全面满足职业人员对园林行业专业技术知识的需要，完善职业技能岗位培训工作。因此，它不仅是园林职工岗位等级培训人员和升级考试人员的应读教材，而且也是职业培训工作人员的有效参考书。

这套系列丛书的编写工作，得到了园林行业相关单位的大力支持，在此向每一位参与系列丛书编写审阅与修订工作的专家、学者致以深深的感谢！

北京市园林局

“职业技能岗位等级培训”丛书编委会

2005年3月

前言

改革开放以来，在我国经济社会不断发展的新形势下，在全面建设小康社会的进程中，城市园林建设步伐加快，人们的生活水平不断提高，对花卉消费需求也日益加大。作为一项新兴产业，经过20多年的迅猛发展，我国花卉产业在优化农业产业结构、增加农民收入和改善人民生活环境、提高人民生活质量等方面，发挥着重要作用，成为名副其实的朝阳产业，具有广阔的市场前景。

但花卉生产又是一种技术性要求较高的特殊产业，我国从事此行业的相关人员的数量与知识水平还远远不能满足产业发展的需要。科技水平低、创新能力弱、产业发展环境亟待规范等劣势，严重制约了我国花卉的发展步伐和效益的提升。因此，着力加强从业人员科学文化素质教育和劳动技能培养，提高其技术水平和职业水准，是现代花卉产业竞争的关键。

针对上述情况，依据中华人民共和国建设部颁布的《花卉工职业技能岗位标准、鉴定规范、鉴定试题库》，我们特邀了长期从事园林花卉研究和教育工作，具有较高理论水平和丰富生产经验的人员编写了《初(中、高)级花卉工培训考试教程》。本教材在总结花卉学知识的基础上，吸收了国内外先进的生产管理技术，详细介绍了我国花卉生产应用与经营管理方面的内容。它的出版将为我国城市绿化中有效地生产和应用花卉起到积极的推动作用。

本书分为八章。内容涵盖了中级花卉工所要掌握的花卉概论、花卉生长发育与环境的关系、花卉栽培的设施、花卉繁殖和良种繁育、栽培管理、病虫害防治、花卉的应用、常用花卉及其栽培技术等方面的理论知识和操作技能，每章后均附有模拟测试题及参考答案。

本书及其复习题和参考答案由石宝鐸编写。第六章花卉病虫害防治部分由车少臣、丁梦然修订。王永格、赵黎芳、舒健骅制作了部分图表及模拟题。古润泽、丛日晨对书稿进行了审定。朱秀珍、于学斌、张兰年等专家参与了编写大纲的制定，在此谨表衷心的谢意。

本书具有很强的实用性、可操作性，它不仅是园林行业职业技能考试人员必读教材，也是从事此行业职工的有效参考书。新编教材因初次按技能等级编写而成，综合了各学科知识，有不当之处请予以指正，供以后修编完善。

古润泽

2005 年 10 月

目录

第一章

花卉概论

本章提要：介绍花卉和花卉学的基本概念，以及中国花卉园艺简史和花卉在园林绿化中的作用和意义。

学习目的：了解花卉的概念和中国花卉栽培的历史和现状，明确花卉在园林绿化建设中的作用与意义。

第一节　花卉的概念

一、花卉的定义

花卉具有狭义和广义两种含义。狭义的花卉仅指可供观赏的花草。广义的花卉通常包括具有观花、观叶、观茎、观果、观芽等观赏价值的草本植物和木本植物，甚至某些具有特定功能的地被和草坪植物也被列入花卉的范畴。

花卉是园林植物的重要组成部分。园林花卉中的木本花卉与露地栽植的园林树木，一般没有严格的界限。但就花卉而言，不论是草本花卉或木本花卉，多具有品种多，观赏价值较高，特别是花器官发达，花朵美丽，且要求有精细的栽培管理技术等特点。

二、花卉学的概念

花卉学是以广义的花卉为对象，系统地研究花卉分类的原则、种类及品种、形态特征、生物学习性、繁殖栽培技术和应用的一门综合性学科。

第二节　花卉园艺简史

一、中国花卉栽培的历史和现状

我国不仅有丰富的花卉资源，而且栽培花卉的历史也极为悠久。早在文字出现以前，花卉就随着农业生产的发展，而被人们所利用。在公元前11世纪的商代甲骨文中已有“园”、“圃”、“林”、“树”、“花”、“果”、“草”等字。在浙江余姚县的“河姆渡文化”遗址里，有许多距今7000年前的植物化石被完整地保存着，其中包括稻谷和花卉。战国时代，在《礼记·月令》中，出现了“季秋之月，鞠有黄华”的记述。“鞠”、“华”分别是菊和花的古写，说明在中国古代已把野菊的花期与深秋季节联系在一起。公元前231年，秦始皇统一中国后，在阿房宫内大种花木，种类相当多，有柑、橘、橙、枇杷、樱桃、木兰等，可见当时花木、果树的栽培技术，已经有了较高的水平。公元前138年，汉武帝重修秦代的上林苑，园苑范围达200里，广种奇花异草3000余种。对于需要室内培育的亚热带和暖温带的植物，则专门建宫栽植，堪称我国古代有史以来最大规模的园林植物引种、驯化试验。西晋嵇含撰写的《南方草木状》书中，描述了1600多年前我国南方的热带、亚热带植物81种，按用途将81种植物分为草、木、果和竹类。书中不仅把环境对植物的影响，及植物对环境的要求用于分类，还将植物器官的生化特点，如花香、色素和滋味等也作为分类比较的依据，反映了中国古代在植物分类学方面的独创精神和贡献。

唐朝是我国封建社会中期的全盛时代，花卉事业相当繁盛，花卉的种类和栽培技术有了进一步的发展。名花的国际交流已很频繁，梅花、菊花和牡丹等东传日本。

宋朝是我国花卉栽培的重要发展时期，花卉事业重现昌盛，并达到了高潮。由于社会经济的发展，农业增收，市井繁盛，文化艺术蒸蒸日上，于是大兴造园栽花之风。这一时期出版了大量的园林专著，具有代表者的如张峋所著《洛阳花谱》、苏颂的《本草图经》、刘蒙的《菊谱》、王贵学所著《兰谱》以及陈景沂所编辑的《全芳备祖》等。

元代文化低落，花卉栽培也一度中衰。至明代到清初又渐趋昌盛。此时不仅有大量的花卉专类类藉，而且综合性著述很多，如明代王象晋的《群芳谱》、袁宏道的《瓶史》和清代陈淏子的《花镜》等著作，至今还有一定的参考价值。

唐宋时期，已出现了花卉市场。自明代以后，花卉栽培开始了商品化生产，从而进入国民经济的领域，以种花为业的人越来越多。就北京而论，明代草桥一带花卉栽培盛极一时，尤以丰台十八村，泉甘土沃，养花最盛，居民多以养花为业。丰台一带，京师花贾比比，于此培养花木，四时不绝，而春时芍药尤甲天下。清代，草桥一带仍为养花胜地，不仅花卉种类繁多，栽培技术也有了较大的发展，花卉的速成栽培已成为当地花农的特殊技艺。生产的花卉除了供应宫廷之外，大部分挑担入城，在花市出售。

北京最初的花市在广安门内慈仁寺（即报国寺），清代以后花市转移到宣武门外槐树斜街。城内花店比较早的是崇文门内花局。据 1936 年 6 月商业调查统计，北京有花木业商店 37 家，市内 7 个庙会共有花木草虫商摊 147 家。1940 年商业统计，北京共有花卉业 40 家。此后，花卉业日渐萧条，到 1949 年北平解放前夕，城区花商仅 33 家。

新中国成立后至今，花卉生产经历了恢复发展期（1950～1964 年），停滞损失期（1964～1976 年），1979 年以后花卉事业又重新开始进入兴旺时期。花卉产业从 20 世纪 80 年代初开始恢复和起步，至 90 年代有了迅猛发展。2002 年全国的花卉种植面积达 33.45 万公顷，销售额 294 亿元。各类盆花销售量 15.9 亿盆，切花 90 亿枝。经过 20 多年的恢复和发展，一批具有较强实力的花卉企业不断发展壮大，花卉产品结构得到进一步调整，花卉业区域布局逐渐完善，花卉科技水平不断提高，花卉销售渠道逐渐畅通，花卉市场不断完善，花卉的规模化和专业化的生产开始形成。

二、中国花卉的种质资源

我国土地辽阔，地跨三带，自然条件非常优越。蕴藏着高等植物 3 万余种，在世界上享有“园林之母”的称誉。

梅、兰、菊、牡丹、芍药、山茶、海棠、水仙、荷花、杜鹃花几乎是家喻户晓的传统栽培花卉。杜鹃花在世界总数约 900 种，我国有 600 余种，除新疆、宁夏之外，各地皆有分布，而以西南山区最为集中。报春花世界约有 500 种，我国有 390 种，从云贵高原到松辽平原都有野生的报春花。百合花在世界上约有 100 种，我国有 60 种。龙胆在世界上约有 400 种，我国约有 230 种。蔷薇在世界上有 150 种，我国约有 100 种，主要分布于北方。我国的香水月季和十姐妹输入欧洲后，与当地的各种蔷薇杂交而育成名噪全球的现代月季。欧洲庭园中的茶花引自我国云南，以后又传入北美并获得巨大的发展。兰科植物，我国也有丰富的资源，除传统的地生兰之外，台湾、华南、云贵山区还有很多的附生兰。至于其他的各类花卉植物可谓千姿百态，不胜枚举。

据史料记载，自17世纪初，荷兰和英国商人到达中国以后，中国栽培的名贵花卉开始传到欧洲，引起了西方园艺界的极大兴趣。1840年鸦片战争以后，中国花卉的种质资源大量外流，从而使欧洲的园林植物大为充实。在欧洲庭园中引种成功的植物种类中，来自亚洲特别是中国的植物占绝大多数。目前号称“花之都”的美国加利福尼亚，70%的花木起初都来源于中国。世界花卉出口之冠的荷兰，也是40%的花木原产中国。正如一位园艺工作者所说：“没有中国植物，就不能成为园林”。

第三节　花卉在园林绿化中的作用与意义

1. 花卉具有提高环境质量、增进身心健康的功能

栽种花草树木能改善环境。花卉不仅能绿化、美化环境，还能起到防尘、杀菌和吸收有害气体的作用。大面积的绿化，还可以调节空气温度与湿度，防风固沙，保持水土，为人们的身心健康提供良好的环境条件。

2. 花卉是植物造景的基本素材

花卉种类繁多，色彩鲜艳，生育周期短，组合方便。因此，花卉是园林绿地中经常用作重点装饰和色彩构图的植物材料。在烘托气氛、丰富景色、反映季相变化等方面有独特的效果，也常配合重大节日使用。

3. 花卉是美化环境、丰富人民生活的活材料

随着人民生活水平的提高，人们往往把花卉作为美好、幸福、吉祥、友谊的象征。居室绿化、生活环境的美化、公共场所的装饰、会场的布置、佳节喜庆、亲朋交往、婚丧礼仪、外事活动，无不需用大量的花卉。花卉是最美丽的自然产物，不仅给人们以美的感受，也是精神文明的象征。

4. 栽植花卉是发展商品性生产的事业

花卉生产是一项很有前景的产业。目前，我国各地在农业结构调整中纷纷把花卉生产作为新的经济增长点，花卉的规模化生产不仅有利于农业结构调整，同时也能产生巨大的经济效益。

模拟测试题

一、填空题

1. 北京历史上最初的花市在广安门内__________；城内花店比较早的是__________。

2. __________、__________、__________、__________、__________、__________等是我国著名的传统栽培花卉。

3. 在我国历史上，__________时期已出现了花卉市场，自明代以后，花卉栽培开始了__________生产。

4. 明代，北京__________一带花卉栽培盛极一时，尤以丰台__________，泉甘土沃，养花最盛。

5. 2002年我国的花卉种植面积达__________万公顷，销售额__________亿元。

二、选择题

1. 《瓶史》是一部我国历史上最早的插花技艺专著，它由__________所著。

A. 宋朝的袁宏道　　B. 宋朝的王象晋

C. 唐朝的袁宏道　　D. 唐朝的王象晋

2. 菊花在我国历史上首先用作时令花卉，在__________中有“季秋之月，鞠有黄华”的记载。

A. 刘蒙的《菊谱》　　B. 《礼记·月令》篇

C. 《花镜》　　D. 《花经》

三、简答题

1. 什么叫花卉？

2. 简述花卉在园林绿化中的作用与意义。

模拟测试题答案

一、填空题

1. 慈仁寺，崇文门内花局　　2. 梅、兰、菊、牡丹、芍药、山茶　3. 唐宋，商品化　　4. 草桥，十八村　　5. 33.45，294

二、选择题

1. A　　2. B

三、简答题

1. 答：广义的花卉通常包括具有观花、观叶、观茎、观果、观芽等观赏价值的草本植物和木本植物，甚至某些具有特定功能的地被和草坪植物也同被列入花卉的范畴。

2. 答：(1) 花卉具有提高环境质量，增进身心健康的功能；(2) 花卉是植物造景的基本素材；(3) 花卉是美化环境、丰富人民生活的活材料；(4) 花卉栽培是发展商品性生产的事业。

第二章

花卉生长发育与环境的关系

本章提要：介绍花卉生长发育、花卉习性的基础知识，以及花卉生长发育与环境的关系。

学习目的：掌握花卉的习性、花卉与环境的关系等方面的基础知识，能指导生产实践。

第一节 花卉生长发育的基本概念

一、花卉的生命周期

花卉从种子萌发、幼苗生长、开花结果（产生种子）直至衰老死亡个体生命结束为止的全部生活史，称为花卉的生命周期。不同类型的花卉，其生命周期时间的长短差异很大，一般草本花卉从几个月到一、二年，多年生草本花卉可以生长多年，而木本花卉从几年到上百年。花卉生命周期的长短主要由花卉的遗传性所决定，但是环境条件和栽培技术也会有较大的影响。同时，花卉的繁殖有无性繁殖和有性繁殖两种，所以营养苗和实生苗的生命周期也有区别。

多年生花卉的生命周期比一、二年生花卉的生命周期复杂得多。多年生花卉在其生命过程中，每年都受季节周期性变化规律的影响，形成了与季节变化相适应的外部形态和内部生理机能的有规律的变化，如萌芽、抽枝长叶、开花结实、新芽形成、枯叶休眠等。花卉植物这种每年随季节变化的规律，称为年生长周期。一年生花卉由于春天萌芽后，当年开花结实，而后死亡，仅有生长期的各时期变化而无休眠期，因此，年周期就是生命周期。二年生花卉秋播后，以幼苗状态越冬休眠或半休眠。多数宿根花卉和球根花卉则在开花结实后地上部分枯死，地下贮藏器官形成后进入休眠状态越冬或越夏。

二、花卉的生长发育

生长与发育是两个既有联系而又有差别的生命现象。植物体器官的增加，即叶片的增多，茎的分枝，根系的形成，植物躯体的长大、增粗等变化，统称为生长。生长是量的变化，是不可逆的，其本质是由代谢所引起的组成物质的增加。当植物顶端的分生组织细胞分化成花芽后，使植物体出现了生殖体，这是分生细胞内质的变化，这种质变称为发育。

第二节　花卉的生长习性与生态习性

一、一、二年生花卉的习性

（一）生长习性

一、二年生花卉按其生长习性可分成两大类：

1. 一年生花卉（春播夏秋花类）

指春季播种，夏秋季开花结实，秋末枯死的花卉。如凤仙花、鸡冠花、翠菊、百日草、万寿菊等。

2. 二年生花卉（秋播春花类）

指秋季播种，以幼苗越冬，第二年春季或夏初开花结实，然后枯死的花卉。如雏菊、桂竹香、诸葛菜、三色堇、金盏菊等。

园艺栽培上所称的一、二年生花卉，实际并非都是真正的一年生或二年生花卉，其中还包括部分多年生花卉。因其适于播种繁殖，播种后 1 个生长季内便能开花结实，此后衰老或不能露地越冬，故作为一年生或二年生花卉栽培。如金鱼草、五彩石竹、雏菊、美女樱、半支莲、矮牵牛等。

（二）生态习性

一、二年生花卉一般均要求阳光充足，少数种类能耐轻荫。一般在早春初夏开花的种类大都属长日照植物，如金鱼草、金盏菊、蛇目菊、金鸡菊、飞燕草、矢车菊、紫罗兰、虞美人、月见草等。这些种类在通过了低温阶段后，如给予光照处理，都能提早开花。在晚夏秋季开花的种类大都属短日照植物，如波斯菊、牵牛花等。此外有许多一、二年生花卉对光照要求不严，属中间性者。当植株生长达到一定大小时，不论在长日照或短日照情况下，均能顺利开花，如藿香蓟、麦秆菊、百日草等。

典型的一年生花卉多数原产于热带或亚热带，为不耐寒性花卉，一般遇霜植株枯死。部分原产亚、非热带的种类，能适应夏季炎热，如鸡冠花；而相当数量原产美洲热带的种类，在夏季高温时生长不良，如万寿菊、百日草等。二年生花卉中有耐寒性种类，主要原产欧亚大陆的北部，有些产于暖温带的种类，属半耐寒性。二年生花卉均不适应夏季高温、多雨。

一、二年生花卉在露地栽培，对土壤要求不很严格，但一般均须排水良好、土质轻松肥沃的壤土。当土壤水分不足时，会使茎叶不能充分生长，呈矮生状态，花茎短而花小，花期也短。但也有耐干旱的种类，如半支莲、香雪球、矢车菊、花菱草、高山积雪、福禄考、牵牛花等，抗旱性均较强。

二、宿根花卉的习性

（一）生长习性

宿根花卉为多年生草本植物，大都当年开花后地上部分茎叶完全枯死，而以其根部越冬，翌春再继续萌发生长，如菊花、芍药、萱草、玉簪等。它们的根虽发达，但不形成肥大的球状或块状根，因此可与球根花卉相区别。由于其耐寒性及休眠习性不同，又可分为耐寒性宿根和不耐寒性宿根两类。耐寒性宿根的地下部分能在冻土层中越冬，地上部分至冬日则枯萎，这类花卉多产于温带寒冷地区，属露地宿根花卉。不耐寒性宿根的地下部分越冬不能忍受冻土条件，有些种类冬季茎叶并不枯干，条件适宜时仍能缓慢生长。此类多原产于温带暖地，属温室宿根花卉。

（二）生态习性

宿根花卉对光照的要求，除铃兰、麦冬、玉簪等少数种类能耐荫外，一般均喜欢充足的阳光。原产温带或亚热带的多年生草本花卉，开花习性具有长日照的要求，如耧斗菜、风铃草、宿根福禄考等。有些秋冬开花的种类有短日照习性。

宿根花卉有寒冷地区生态型及温暖地区生态型两类。属于温暖型宿根花卉大都是常绿的，虽经冬季地上部分亦不枯死，在寒冷地区必须用温室栽培或在保护地越冬。宿根花卉，尤其是春花类，对夏热的抗性一般较差，常因不适夏热而提早休眠甚至枯死，因此要采取遮荫、防雨、排水等措施。

宿根花卉对土壤要求不很严格，但大都喜有机质丰富的疏松肥沃土壤。对基肥的要求比一、二年生花卉高，追肥主要在生长期的初期和花后进行。浇水主要在生长期，休眠期多数宿根花卉不浇水，并要注意排水，保持适当干燥。

三、球根花卉的习性

（一）生长习性

球根花卉是指地下部分具有膨大的变态根或变态茎的多年生草本植物。凡是生长期能在露地渡过，则称为露地球根花卉，如美人蕉、唐菖蒲、大丽花等。生长期需在温室里渡过则称温室球根花卉，如仙客来、大岩桐、小苍兰等。按球根的形态不同分为鳞茎类（郁金香、百合、水仙、风信子）、球茎类（唐菖蒲、小苍兰）、块茎类（仙客来、白头翁）、根茎类（美人蕉）、块根类（大丽花、花毛茛）（图 2-1）。

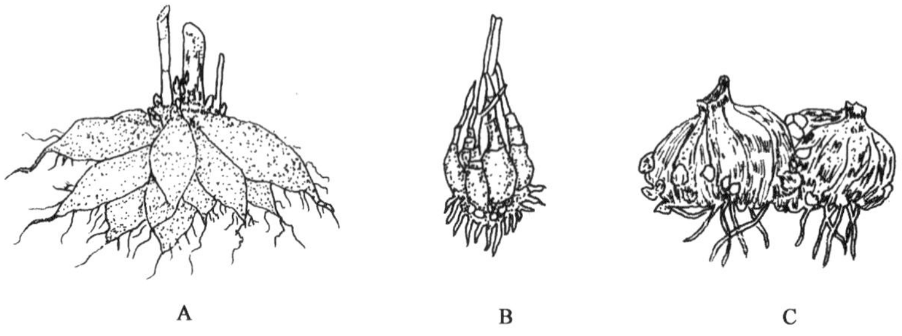

图 2-1　几种球根花卉的球根

A. 大丽花的块根　B. 晚香玉的块茎　C. 唐菖蒲的球茎

由于球根花卉的生长习性不同，栽植时间也有区别，一般分为两种类型。凡是春季栽植于露地，夏季开花、结实，至秋季降霜时地上部分即停止生长并逐渐枯萎，而地下部分进入休眠状态者，称为春植类球根花卉，如美人蕉、唐菖蒲等。它们多原产于热带及亚热带地区，生长季节要求高温环境，耐寒力较弱。凡是秋季栽植于露地，其根部及芽开始生长，严寒时暂时中止，翌年春季继续生长而达开花期，入夏生长渐衰并进入休眠期者，称为秋植类球根花卉，如郁金香、百合等。它们的原产地多为温带地区，耐寒力较强，而不适应炎热的气温。

（二）生态习性

球根花卉除百合中的部分种类能耐半荫外，其他均需充足的阳光。阳光不足不仅影响当年开花，而且因为球根的生长不能充实肥大，以致影响翌年开花。球根花卉一般都属于日照中性植物，只有铁炮百合及唐菖蒲等少数种类属于长日照植物。短日照能促进大丽花块根的形成，长日照能促进百合等鳞茎的形成。

球根花卉对温度的要求因种类而不同。原产亚热带或热带的种类，喜较高的温度，一般均在春季栽植。此类球根中的大丽花及唐菖蒲等，如夏季温度过高往往影响生长及开花。原产温带的种类，一般都喜冷凉的气候且较耐寒，故一般进行秋植。秋植球根的耐寒程度因种类不同而有差异。

球根类从其形态来说是属于抗旱性的，土壤中不能长期有积水，但在生育期间，土壤中必须有适当的水分，方能保证良好的生长和开花。秋植球根如果秋季干旱会影响根部的生长；春植球根如夏季干旱，对生长与开花都会有很大的影响。大丽花及唐菖蒲如土壤过干往往不能正常开花，故需进行适当的灌水。在球根成熟接近休眠期时，土壤宜保持干燥。

球根类一般喜轻松肥沃的砂质壤土或壤土，砂质壤土有利于球根的肥大生长，稍带黏性的壤土，有利于球根充实发育。球根类的根一般较长，在土层深的情况下，风信子、郁金香、百合等可达 60 ~ 70 厘米，唐菖蒲可达 130 厘米以上，故表土深厚，下层土为混砾状态而又有适当保水性的为最适宜。

球根花卉的种球，在休眠期宜收球贮藏。

四、木本花卉的习性

（一）生长习性

木本花卉主要指以观花为主的多年生木本植物，多为灌木及小乔木，如牡丹、月季、杜鹃、梅花、山茶花、一品红等。

木本花卉的生长发育存在着两个周期，即生命周期与年生长周期。生命周期主要由幼年阶段和成年阶段所组成。从种子萌发起，到具有开花潜能（具有了形成花芽的生理条件，但不一定就开花）之前的一段时期叫“幼年阶段”，习惯上称为“幼年期”。不同种类和品种，其幼年期的长短差别很大，少数短的，播种当年就能开花，但一般均需经过较长的年限才能开花。幼年阶段达到一定的生理状态后，就获得形成花芽的能力，这一动态过程叫“性成熟”。木本花卉达到性成熟，则进入了成年阶段，开花是木本花卉进入性成熟的最显著的特征。实生树经过多年开花结实后，逐渐出现衰老和死亡现象，这一总体上的衰老过程，称为“老化过程”。如何缩短实生树的幼年阶段，加速性成熟过程，以及维持成年阶段和延续老化过程，是木本花卉栽培和育种工作的重要任务之一。

落叶木本花卉的年周期可明显地分为生长期和休眠期，即从春季开始萌芽生长至秋季落叶前为生长期，其中成年树的生长期表现为营养生长和生殖生长两个方面。生长期是养护管理工作的重点，应该创造良好的环境条件，满足肥水的需求，以促进生长、开花、结果。植株在落叶后至翌年萌芽前，为适应冬季低温等不利的环境条件，而处于休眠状态为休眠期。在生长期和休眠期之间又各有一个过渡期。

（二）生态习性

不同的木本花卉在长期的系统生长发育过程中形成了不同的生物学特性，对周围的环境有一定的要求和适应能力。例如：生长在热带、亚热带、温带和寒带的花卉或深根性、浅根性等花卉对周围的环境要求各不相同，其适应能力也不相同。影响园林花卉生长的环境条件叫生态因子，如光照、水分、温度、空气、土壤等。

第三节　花卉生长发育与环境的关系

一、温　度

一切植物的生命活动都必须在一定的温度条件下才能进行。温度的高低，直接或间接地影响花卉的生长发育，支配着花卉资源的分布、花卉引种和栽培。温度是很重要的环境条件。

（一）基点温度

各种花卉在原产地气候条件的长期影响下，形成各自的感温特性。它们的生长和发育都受限于一定的温度幅度范围之内，其中有最低点、最适点和最高点，称为基点温度。最低点是花卉开始生长和发育的下限温度；最适点是维持生命最适宜及生长发育最迅速的温度；最高点是维持生命能忍受的上限温度。基点温度不是一个常数，它常随植物的种类、发育阶段、各种生理活动和环境条件而有变化。热带地区生长的花卉 3 个基点较高；原产寒带及高山的花卉 3 个基点较低；大多数原产温带地区的花卉，地上部分的营养器官最适温度约 20 ~25℃，最低 10℃左右，最高 35℃左右。

各种花卉从种子萌发到种子成熟，对于最适温度的要求常随着发育阶段而改变。如一年生花卉的种子发芽要求较高温度，幼苗期要求温度较低，以后成长到开花结实对温度要求又逐渐增高。二年生花卉种子发芽在较低温度下进行，幼苗期要求温度更低，而开花结实则要求温度稍高。

（二）温周期现象

温度的周期变化对生长发育的影响叫温周期现象。包括年周期和日周期变化两种。温带植物的生长随季节的变化表现为周期现象，春季开始萌芽，夏季旺盛生长，秋季生长缓慢，冬季进入休眠，这是年周期现象。但有些植物周期反应不完全一样，到夏季进入休眠或半休眠状态（如仙客来、倒挂金钟等）。昼夜温周期现象是直接影响植物生长的温度条件，昼夜温差现象是普遍存在的。白天适当的高温，有利于光合作用；夜间适当的低温可抑制呼吸作用，降低对光合产物的消耗，有利于营养生长和生殖生长。适当的温差还能延长开花时间以及果实着色鲜艳等作用。各种花卉对昼夜温差的需要与原产地日变幅有关，大陆、高原气候的花卉，昼夜温差 10～15℃为宜；海洋性气候的花卉，昼夜温差 5～10℃较好；原产低纬度的花卉，在昼夜温差很小的情况，仍可生长发育良好。

（三）花芽分化

自顶端分生组织形成花原基开始至花的各部分器官的形成为花芽分化阶段。温度与花卉的花芽形成有密切的关系，如碧桃在 7～8 月进行花芽分化后，必须经过一定的低温条件才能正常开花；山茶花的花芽是在 25℃左右形成的，但其生长和开花则是在 10～15℃的温度条件下。球根花卉中，郁金香花芽分化的适温为 20℃，花芽生长的适温为 9℃；风信子的花芽分化最适温度为 25～26℃，花芽生长的适温为 13℃；水仙花芽分化适温为 13～14℃，花芽生长适温为 9℃。木本花卉中，杜鹃类花芽分化适宜温度为 19～23℃，花芽生长适温在 2～10℃；八仙花在 18℃以上的温度下不能形成花芽，需在 10～15℃且光照充足时，才能进行花芽分化。

二、光　照

光是绿色植物生活的必要条件，它关系到叶绿素的形成，是植物进行光合作用的能源。光还影响到大气温度和湿度的变化，影响植物气孔的开闭和各部器官的生长发育。植物在生育期间如果缺乏光照或光照不足，会导致茎叶生长不良，开花不茂盛或者不开花。

（一）照度

照度是指植物体被照明的程度，常用的物理单位是勒克斯，可以用照度计直接测量。光照的强弱、长短，随地理位置、地势高低、春夏秋冬四季、天气的阴暗等的变化而有所不同。光照随纬度的增加而减弱，随海拔的升高而增强。夏季光照的时间最长，而且光照在一年中最强；冬季光照时间短，而且较弱。一日之中，午时光照最强，清晨、黄昏光照较弱。北京地区 4～5 月以后，自然光照的最大强度为 12 万～14 万勒克斯，而 12 至翌年 2 月间自然光照的最大强度只有 4 万勒克斯。阴天约为 1 万～2 万勒克斯，晴朗天气的室内则只有 100～500 勒克斯。

光照的强弱和有无影响着花卉的形态和生理变化，如花木叶片的大小、厚薄，茎枝的粗细，节间的长短，花色的浓淡，叶色的深浅等。光照的强弱与开花也有着密切的关系，它决定着花朵的多寡。对于喜光植物来说，在同一植株上，受光多的枝条上形成的花芽较背光面的枝条多。在夏季晴天多的年份，第二年开花植物的花朵会更繁茂。光照的强弱决定着某些花朵开放的时间，如半支莲、酢浆草的花朵多在晴天的中午盛开；月见草、晚香玉只在傍晚散发芳香；昙花美丽的花朵在夜间吐露芬芳；而牵牛花在清晨日出时刻最为美丽。光照的强度影响着花色，高山热带花卉花朵的色彩较平地花朵色彩更鲜艳，同一品种花卉的花色在室外较室内更艳丽。

各种花木所需照度的差别很大，喜光程度也因不同的发育阶段、年龄及生态条件会有所变化。根据花卉对光照强度的要求不同，可分为喜光花卉、中性花卉、喜荫花卉和强耐荫花卉 4 类。

1. 喜光花卉

需要在全光照环境下才能正常生长发育，不耐庇荫。如受光不足则光合强度下降，枝条徒长不充实，花芽不易形成，花色及花的香味不足，分蘖力减小，且易染病虫害。这类花卉如碧桃、梅花、石榴、月季、海棠花、一品红、龙舌兰、仙人掌、半支莲、鸡冠花、荷花等。

2. 中性花卉

不喜强光，稍能耐荫。栽培环境应避免夏季烈日暴晒。如桂花、白兰花、南天竹、天竺葵、栀子、扶桑等。

3. 耐荫花卉

需在适当遮荫或散射光条件下生长，夏季相对照度可保持 50% 左右。如杜鹃、山茶、八仙花、万年青、玉簪、麦冬、铃兰、八角金盘等。一般温室观叶植物对光照要求较低。

4. 强耐荫花卉

要求荫蔽度 80% 左右才能生长良好。如大多数的兰科植物、蕨类植物、天南星科、苦苣苔科、凤梨科的一些花卉。

（二）光周期

光周期表现在昼夜日照长短周期性的变化，对于植物从营养生长到花原基的形成，有着决定性的影响。在自然界中，春兰秋菊，花开季节各有定期，主要是受光周期所制约。根据植物开花过程对日照长短的反应，可分为三类花卉。

1. 长日照花卉

指在花芽分化时，每日光照时数在 12 小时以上才能完成的花卉植物。如唐菖蒲、荷花、鸢尾、绣球以及各种秋播二年生花卉。这一类花卉开花通常在 1 年中日照较长的季节。如果用人工方法延长光照时数，则可促使它们提前开花。

2. 短日照花卉

指在花芽分化时，每日光照时数在 12 小时以下才能完成的花卉植物。如一品红、蟹爪兰、波斯菊、旱金莲、菊花等。这一类花卉，通常在早春和深秋开花。如用人工缩短光照，也可促使它们提前开花。

3. 日照中性花卉

此类花卉对光照长短没有多大的反应，只要其他生态条件适合，不论日照长短，都能开花。如香石竹、天竺葵、矮牵牛、仙客来、百日草、紫茉莉等。

三、水　分

水分是园林植物生存和繁衍的必要条件，花卉生存所需的营养物质大部分是通过水中溶解的物质而吸收的。光合作用也只有在水分存在的情况下才能进行。花卉依靠水分，通过叶片的蒸腾作用调节植物体的温度，同时减少生理病害的发生。

（一）水分对植物生长发育的影响

1. 土壤湿度

土壤湿度的大小，通常用土壤含水量表示。

花卉生长所需要的水分，主要是从土壤中吸取。因此土壤湿度一般以田间最大持水量的 60% ~70% 为宜。当大于 80% 时，因土壤中所含空气减少，根系呼吸受阻，而停止生长，容易腐烂。反之，土壤过干，则土壤溶液的浓度增大，使根系细胞发生反渗透作用而死亡。

2. 空气湿度

空气湿度的大小，常用空气相对湿度表示。相对湿度过大，往往使一些花卉的枝叶徒长，常有落蕾、落花、落果、授粉不良或花而不实现象，且易滋生病害。一般花卉所需的空气湿度大致在65% ~70%左右，但原产干旱及沙漠气候的植物则远低于此。当空气湿度减少时，因色素形成较多，花色变浓。而温室花卉、热带观叶植物和热带兰等有气生根的种类，以及蕨类等喜湿植物，则需要较高的空气湿度。

3. 萎蔫

植物体对水分的消耗与吸收，影响到植物的生长。当水分的吸收超过了消耗，则生长纤弱，抗寒力降低；当吸收与消耗处于平衡状态时，有利于生长与发育；当吸收少于消耗时，则由于缺水而呈现萎蔫。

植物萎蔫时细胞原生质胶体性质发生变化，膨胀性能降低。由于缺水叶绿体受到损害，光合作用降低，植物体内物质运输变慢而呼吸作用加强，使消耗大于积累。

萎蔫时可用地面、叶面喷水及遮荫等办法，降低蒸腾作用，使植株恢复正常。对土壤缺水造成的萎蔫则必须补充土壤水分，开始时不宜浇水过多，应随恢复的状态逐渐增加浇水量。如给水骤然增多，就会使细胞壁与原生质吸水速度不一，以致形成质壁分离，使原生质受伤。因此植物在干旱后突然遇水也会引起死亡。

4. 涝害

（1）当土壤空隙充满水分时，空气少，根部缺氧而呼吸受到抑制，也就影响到水分和矿物质的吸收，亦影响到根系本身的正常生长。

（2）土壤被水淹没时，由于土壤缺氧，使好气性细菌活动受到抑制，影响有机物分解，对植物的矿物质营养的吸收造成不良影响；另一方面嫌气性细菌活跃，使土壤中积累过多的有机酸及二氧化碳，提高了土壤酸度，对植物的正常生长不利；又由于根系进行无氧呼吸，产生酒精等有毒物质，亦会使植物受害。

（二）花卉栽培对水分的要求

各类花卉对水分有不同的要求，同一种花卉在不同的生长发育时期，对水分的要求也有差异。水分过多过少均能引起生长发育不良，它不仅影响到花卉的观赏价值，甚至还会导致花卉死亡，因此要看对象不同分别对待。

同一种花卉在发育的不同阶段对水分的需求量不同。一般种子贮藏时要求干燥。当种子萌发时需足够的水分。苗期需水不多，但应该保持土壤湿润。蹲苗期可适当控水，有利于根系的生长。处于营养生长旺盛时期的花木，需水量最多。进入花芽分化阶段，大多数花木应适当控制水分，以抑制枝叶生长促进花芽分化。进入孕蕾和开花阶段，水分不能短缺。花后土壤不可过湿。果实与种子成熟阶段宜偏干一些。花卉在休眠阶段应减少或停止供水，保持土壤不过分干燥即可。

不同的花卉品种对水分及湿度的要求也不相同。如荷花、睡莲等必须在水中才能生长；热带兰要求较高的湿度；仙人掌类、景天类花卉，当水分或湿度过大时则生长不良。

四、空　气

空气的成分，含氧 21%、氮 78%、二氧化碳 0.03%，另外还有水蒸气和微量的稀有气体。空气中各种成分的含量对于植物的生长发育有相当影响。

（一）空气与花卉的生长发育

空气中氧气和二氧化碳与花卉的关系最为密切，其中氧气为植物生长发育和一切生命活动所必须。如果没有空气，花卉就根本不能生存。因为生物的一切生命活动，都离不开呼吸作用，呼吸作用又必须在有氧气参加的条件下才能进行。

呼吸作用是植物全部生命活动的能量来源，植物组织在氧气参与下进行某些有机物的分解，除分离出 CO_2 和水分外，还释放出植物在生命活动中所必须的能量。旱生和耐荫植物的呼吸强度较低，而喜光植物在阳光下生长，呼吸强度偏高。幼年生长旺盛的器官呼吸强度较高，生殖器官的呼吸强度高于营养器官。多年生花卉随季节变化，呼吸强度也不同。春季发芽和秋季开花时，呼吸强度高，夏季略低，冬季最低。

空气中的氧气含量对植物生活的需要是足够的，但土壤中氧气含量比大气要低得多，通常只有 10% ~12%。特别是质地黏、板结、含水量高的土壤，常因空气不足，植物根系不发达，生长不良。各种植物的根，大都有向氧性，通常要求土壤疏松、排水良好，实际是要求土壤有良好的透气环境。在花卉栽培中的排水、松土、翻盆等工作都有改善土壤通气条件的意义。空气中二氧化碳的浓度对光合强度有直接影响。一般二氧化碳浓度增加，光合强度也随之加大。如浓度过大，超过常量的 10 ~20 倍，会迫使气孔关闭，光合强度下降。白天阳光充足，植物的光合作用十分旺盛。若此时空气流通不畅，环境闭塞，叶幕层附近二氧化碳的浓度急剧下降。二氧化碳的浓度低于正常空气浓度80%时，常影响光合作用顺利进行，使花卉的营养状况恶化。因此田间栽植或盆花码放、布置不可太密，应留有一定的株行距或风道。温室栽培更应注意通风换气，以调节空气中二氧化碳的浓度。

（二）空气中的有害物质与花卉的抗性

目前在工业集中的城市区域，大气中的有害物质可能有数百种，其中影响较大的污染物质有粉尘、二氧化硫、氟化氢、氯、氯化氢、硫化氢、一氧化碳、光化学烟雾、氮氧化物、甲醛、氨、乙烯以及汞、铅等重金属及其氧化物粉末等。在这些物质中以二氧化硫、氟化氢、氯、光化学烟雾以及氮氧化物等对花卉植物危害最为严重。有害物质经大气直接侵入植物叶片里或其他器官引起反应，造成对植物的急性伤害、慢性伤害和不可见伤害。但是，由于植物种类间的抗性差异，同种有害气体，在同样浓度条件下，不同种类花卉，受害程度有很大差异。即在同样条件下有的花卉根本不受害，有的受害极为严重。对有害气体抗性较强的花卉可分为以下几类：

1. 抗二氧化硫

金鱼草、蜀葵、金盏菊、鸡冠花、凤仙花、石竹、万寿菊、翠菊、紫茉莉、美人蕉、大丽花、唐菖蒲、玉簪、菊花、桂花、碧桃、山茶花、石榴、月季、扶桑、夹竹桃、苏铁、龟背竹、鱼尾葵等。

2. 抗氟化氢

一串红、牵牛花、万寿菊、半支莲、矮牵牛、天竺葵、大丽花、美人蕉、菊花、棕榈、海桐、柑橘、玫瑰、丁香、紫薇、夹竹桃、一品红、倒挂金钟等。

3. 抗氯气

千日红、石竹、鸡冠花、金盏菊、翠菊、银边翠、唐菖蒲、大丽花、天人菊、一串红、桂花、鱼尾葵、山茶花、白兰花、朱蕉、苏铁、夹竹桃、南洋杉、杜鹃等。

五、土　壤

土壤是植物赖以生存的基础。土壤中能长期贮存丰富的营养物质及微生物，它能源源不断地供给花木生长发育，土壤还起着固定植株的作用。土壤的种类很多，其结构、质地、肥力、酸碱度等因素都直接影响着花卉生长发育的优劣。

（一）土壤概述

土壤由矿物质、有机质、微生物、水及空气所组成，提供植物所需的营养元素、水分等。土壤的矿物质由各种大小不同颗粒所组成，根据土壤所含颗粒的大小，可将土壤分为砂土、壤土和黏土3类。砂土类土粒间隙大，毛细管作用弱，温度升降速度快，通气和透水性能好，保水保肥力差，适于幼苗生长发根。黏土类土粒间隙小，通气透水性差，含丰富的元素及有机质，保肥保水力强，但不利幼苗生长。壤土类兼有砂土和黏土的优点，是栽培花卉的理想土壤，土温比较稳定，保肥保水力强，透气透水性能良好。

一般土壤含有机质为0.5%～3%，它不仅是养分的主要来源，同时对土壤理化及生物特性有很大的影响。有机质的基本成分是纤微素、淀粉、糖类、油脂及蛋白质，在微生物分泌酶的作用下分解出植物所需要的碳、氢、氧、氮、硫、磷和少量的铁、镁等元素。土壤微生物中有细菌、真菌、放线菌等，以细菌为最多。有益的细菌包括可分解有机质的腐生菌、固氮菌、磷细菌、钾细菌等，可使植物不能利用的营养成为简单的可溶于水的元素。有害的细菌有反硝化细菌和其他感染病害的微生物。在土壤通气良好、温度适宜的条件下，好气性细菌活动旺盛，分泌酶也较多，有机质分解就比较彻底。反之如有机物分解不彻底并产生有机酸和还原物质，就会影响植物的正常生长。有益微生物愈多，土壤愈肥，因此要多施有机肥以提供微生物的食物，并保持土壤中良好的通气条件和接近于中性的酸碱度。水分与空气在土壤中是互相矛盾的因素，水分决定着空气的存在，制约着土壤的通气状况。

土壤温度除直接影响到植物的生长发育外，还影响到土壤微生物的活动，因而影响到有机质的分解和养分的释放速度、各种化学反应的速度和土壤水分的运行。

（二）各类花卉对土壤的要求

1. 露地花卉

一般露地花卉除砂土及重黏土只限于少数种类能生长之外，其他土质大致均可适应多数花卉种类的要求。

（1）一、二年生花卉在排水良好的砂质壤土、壤土和黏质壤土上均可生长，但以表土层深厚，地下水位在1米左右，并富含有机质的壤土为宜。

（2）宿根花卉的根系较一、二年生花卉强大，入土较深，表土层至少应为40～50厘米的壤土或黏质壤土。

（3）球根花卉对土壤要求较严，大多数的球根花卉喜富含有机质的砂壤土或壤土，尤以下层土为排水好的砂砾土而表土为深厚的砂质壤土最理想。也有些花卉如晚香玉、水仙、葱兰、石蒜等则以黏质壤土为佳。

（4）新开辟的花坛、花池，应先深翻除杂，然后补充富含有机质的疏松田园土。如原有土壤污染严重，也应深翻换土。

2. 盆栽花卉

盆栽花卉由于容器大小有限，对土壤的水、肥、气、热比露地栽培花卉有更高的要求，单纯用一般大田土壤就很难满足盆花的需要，故通常都应用几种材料混合配制培养土。

盆栽花卉的培养土应该是养分丰富，具有良好的持水量和透气性。传统的盆花栽培，大都选择有机质丰富，具有水稳性团粒结构的土壤。它有较好的吸收性、保水性和通气性，有利于植物所需营养元素的蓄积和释放，有利于植物根系的生理活动。

培养土还必须注意到土壤的 pH 值范围，一般花卉的培养土均以中性到微酸性较好。因土壤呈碱性反应时，大多数微量元素呈难溶状态，养分不易被吸收利用而发生缺素症。

不同种类的盆栽花卉对土壤有不同的需要，在配制培养土时应予以注意。一般常用的配比见表 2-1。

表 2-1　盆栽花卉培养土配制比例（体积比）

应用范围	材料					
	阔叶腐叶土及草炭土	针叶腐叶土及兰花土	砂土	过磷酸钙或骨粉	有机肥	河沙
播种或分苗	4		6			
草本定植及木本育苗	3		5.5	0.5	1	
宿根草本及木本定植	3		5	0.5	1.5	
宿根草本及木本换盆	2.5		5	0.5	2	
球根花卉及肉质类花卉	4		4	0.5	1	0.5
喜酸性土壤的花卉		4	4	0.5	1	0.5

目前，为了生产及养护的方便，提出了专业的通用性栽培基质概念。通

用性栽培基质的组成中，只含极少的园土，以苔藓泥炭为主，pH 值调节到 5.5～6.5，具有良好的排水性。通用性的栽培基质是没有地区性差异的，一些现代花卉园艺较发达的国家均有稳定的人工基质配方。通用性的栽培基质能适用于 80% 左右的花卉种类，其中少数喜酸性花卉或碱性花卉，只要调整 pH 值即可。另有约 20% 的花卉不能适应这类通用性的栽培基质，如多肉植物、兰花、凤梨科植物，可使用一些专类的栽培基质。常用栽培基质配方如下：

通用性基质：腐叶土 65%，苔藓泥炭 25%，砂或珍珠岩 10%。

喜酸性基质：松叶土 50%，苔藓泥炭 40%，珍珠岩 10%。

多肉植物基质：通用性基质 50%，珍珠岩 50%。

播种及扦插基质：园土 50%，苔藓泥炭 25%，珍珠岩 25%。

六、肥　料

花卉生长发育离不开各种养分，养分除来自土壤本身之外，还要人工根据花卉品种及其不同生长发育阶段及时补充所需的肥料，才能保证花卉生长健壮，适时开花结果。

（一）植物营养与肥料

绿色植物自空气和土壤中吸取无机物，在体内合成有机物，植物生长发育需要多种元素，其中最多的是碳、氢、氧、氮、磷、钾、硫、钙、镁、铁十种元素，称之为大量元素。有些元素植物需要量极微少，但也是不可缺少的，如硼、锰、锌、铜等，称为微量元素。还有些元素如钠、硅、铝、钴、氯、溴、碘等，叫超微量元素。矿质元素在植物体内起着不同的作用，氮、磷、硫及一部分镁是参加植物体的组成物质，钾、钙、镁、铁、锰等和其他金属元素往往是植物体内有机催化剂——酶的组成。

1. 主要元素的生理作用

（1）氮　氮是蛋白质、叶绿素、酶、维生素及卵磷脂的重要组成元素。缺氮则生长受到抑制，叶片缺绿，氮素过多则会引起徒长。

（2）磷　磷是构成原生质不可缺少的元素。细胞质、细胞核中均含有磷，它对植物的呼吸作用、光合作用、糖分分解等方面均有重要作用。它能促进植物成熟，有助于花芽分化及开花良好，还能强化根系，增强植物的抗寒能力。缺磷时影响苗期生长及后期的发育。

（3）钾　钾存在于幼嫩组织中，能促进糖的转化与运输，有利地下器官的生长，促进蛋白质酶的合成作用，使蛋白质含量提高，使茎秆强健，增加抗寒、抗旱及抗病力。缺钾茎秆弱，叶缘、叶尖枯焦，叶片皱曲，且影响到铁的吸收。

（4）微量元素　一般花卉生长中很少出现缺微量元素的现象，但也偶有发生，如山茶、栀子、茉莉等常因缺铁、锰、镁等元素，而产生失绿现象。其他如硼能提高花卉的抗寒能力，铜、钙、锌、钼等能促进花卉的生长发育，增强花卉对病虫害及不良环境的抵抗能力。

2. 花卉常用肥料

花卉常用肥料为有机肥、化肥及微生物肥料。

有机肥为完全肥料，含有植物所需的各种营养元素及有机质，为迟效性肥料。除提供营养元素外，还有改良土壤物理性状的作用，有利于根的生长发育和养分的吸收。常用的有机肥有人粪尿、厩肥、堆肥、绿肥、河泥、饼肥、蹄角、骨粉、鱼肥等。

化学肥料养分含量高，肥效快，使用方便，由于养分单纯常与有机肥配合施用。常用的氮素化肥有铵态氮，如硫酸铵、氯化铵、碳酸氢铵和氨水；硝态氮类，如硝酸铵、硝酸钙；尿素态氮肥如尿素等。常用磷肥有过磷酸钙、钙镁磷肥和磷矿粉等。常用钾肥有硫酸钾、氯化钾等。目前，含有氮、磷、钾的复合肥料应用较广，不同的比例能满足各种花卉栽培的需要。

微生物肥料就是利用微生物的作用，提高土壤肥力，刺激植物生长，充分发挥肥料的效用，常用的有根瘤菌剂、抗生菌肥、磷钾细菌等。

（二）施肥方法

花卉施肥应根据土壤、植物种类、不同生长期、季节与气候等合理配合使用。施肥方法主要有基肥和追肥两种。

1. 基肥

即土壤施肥。指露地花卉栽植前或盆花上盆前将肥料施在土壤中，由根系吸收利用。多施用迟效性的有机肥，施肥时间多在秋冬季节，盆栽花卉多结合翻盆换土进行。

2. 追肥

指在花卉生长发育期间，根据需要施加速效性肥料的措施。常采用根施法或根外追肥。

模拟测试题

一、名词解释

1. 生长 2. 发育 3. 生态因子 4. 基点温度 5. 花芽分化阶段

二、填空题

1. 花卉生命周期的长短主要由花卉的__________所决定的，但是__________和__________也会有较大的影响。

2. 宿根花卉由于其耐寒性及休眠习性不同，可分为__________和__________两类。

3. 木本花卉从__________萌发起，至具有__________潜能之前的一段时期，称为幼年期。__________是进入性成熟的最显著的特征。

4. 如何缩短实生树的__________阶段，加速__________过程，以及维持__________阶段和延续__________过程，是木本花卉栽培和育种工作的重要任务之一。

5. 大多数原产温带地区的花卉，地上部分的营养器官最适温度约__________℃，最低__________℃左右，最高__________℃左右。

6. 光周期对于植物从__________生长到__________的形成，有着决定性的影响。

7. 土壤种类很多，其__________、__________、__________、__________等因素都直接影响着花卉生长发育的优劣。

8. 温周期现象包括__________和__________变化两种。

三、判断题

1. 春花类宿根花卉，对夏热的抗性较强。 (   )
2. 春植球根原产地多为温带地区，耐寒力较强。 (   )
3. 木本花卉生长期是养护管理工作的重点。 (   )
4. 适当的温差能延长开花时间和果实着色鲜艳等作用。 (   )
5. 土壤湿度一般以田间持水量80% ~90% 为宜。 (   )
6. 花卉因土壤缺水而造成萎蔫时，应立即浇水，且加大浇水量。 (   )

7. 短日照花卉是指生长、开花所需的光照强度较弱、日照长度较强。
( )

四、简答题

1. 简述宿根花卉的生态习性。
2. 简述木本花卉的生长习性。
3. 照度对花卉的形态和生理变化有何影响?
4. 空气湿度对花卉生长发育有何影响?
5. 水分对花卉的生存有何重要意义?
6. 土壤微生物对植物生长有何影响?
7. 简述氮、磷、钾元素的生理作用。
8. 简要说明土壤性状与花卉生长发育的关系。

模拟测试题答案

一、名词解释

1. 生长：植物体器官的增加，统称为生长。

2. 发育：植物顶端的分生组织细胞分化成花芽后，使植物体出现了生殖体，这是分生细胞内质的变化，这种质变称为发育。

3. 生态因子：影响园林花卉生长的环境条件，如光照、水分、温度、空气、土壤等，叫生态因子。

4. 基点温度：各种花卉在原产地气候条件的长期影响下，形成各自的感温特性，它们的生长和发育都受限于一定的温度幅度范围之内，其中有最低点，最适点和最高点，称为基点温度。

5. 花芽分化阶段：自顶端分生组织形成花原基开始至花的各部分器官的形成为花芽分化阶段

二、填空题

1. 遗传性，环境条件、栽培技术

2. 耐寒性宿根，不耐寒性宿根

3. 种子，开花，开花

4. 幼年，性成熟，成年，老化

5. 20 ~25，10，35

6. 营养，花原基

7. 结构、质地、肥力、酸碱度

8. 年周期，日周期

三、判断题

1. ×　　2. ×　　3. √　　4. √　　5. ×　　6. ×　　7. ×

四、简答题

1. 答：宿根花卉除少数种类能耐荫外，一般都喜欢充足的阳光。原产温带或亚热带的多年生草本花卉，开花习性具有长日照的要求。有些秋冬开花的种类有短日照习性。宿根花卉有寒冷地区生态型及温暖地区生态型两类。春花类，对夏热的抗性一般较差。宿根花卉对土壤要求不很严格，但大都喜有机质丰富的疏松肥沃土壤。

2. 答：木本花卉的生长发育存在两个周期，即生命周期与年生长周期。生命周期主要由幼年阶段和成年阶段组成；年周期分为生长期和休眠期，在生长期和休眠期之间又各有一个过渡期。

3. 答：照度是指植物体被照明的程度，光照的强弱和有无影响着花卉的形态和生理变化，它会影响花木叶片的大小、厚薄，茎枝的粗细，节间的长短，花色的浓淡，叶色的深浅等。光照的强弱决定着花朵的多寡，开放的时间。

4. 答：空气中的相对湿度过大，往往使一些花卉的枝叶徒长，常有落蕾、落花、落果、授粉不良或花而不实现象，且易滋生病害。温室花卉、热带观叶植物、蕨类植物等则需要较高的空气湿度。

5. 答：水分是花卉生存和繁衍的必要条件，花卉生存所需的营养物质大部分是通过水中溶解的物质而吸收的。光合作用也只有水分存在的情况下才能进行。花卉依靠水分，通过叶片的蒸腾作用调节植物体的温度，同时减少生理病害的发生。

6. 答：土壤微生物中有细菌、真菌、放线菌等，以细菌为最多。有益的细菌可使植物不能利用的营养成为简单的可溶于水的元素。在土壤通气良好、温度适宜的条件下，好气细菌活动旺盛，有机质分解比较彻底。有益微生物愈多，土壤愈肥。

7. 答：氮是蛋白质、叶绿素、酶、维生素及卵磷脂的重要组成元素。缺氮植物生长受到抑制，叶片缺绿、氮素过多则会引起徒长。

磷是构成原生质不可缺少的元素。它对植物的呼吸作用、光合作用、糖分分解等方面均有重要作用。它能促进植物成熟，有助于花芽分化及开花良好，还能强化根系，增强植物的抗寒能力。缺磷时影响苗期生长及后期的发育。

钾存在于幼嫩组织中，能促进糖的转化与运输，有利地下器官的生长，促进蛋白酶的合成作用，使蛋白质含量提高，增加茎秆强健、抗寒、抗旱及抗病力。

8. 答：土壤性状主要因土壤矿物质、土壤有机质、土壤温度、水分及土壤微生物、土壤酸碱度等因素所决定，它们对花卉根系、球根及地上部分的生长发育起重要作用。

第三章

花卉栽培的设施

本章提要：介绍温室及其他花卉栽培设施的基本知识。

学习目的：掌握温室以及其他设施的分类、用途、结构等基础知识。

第一节　温　室

温室俗称暖房，是用有透光能力的材料覆盖屋面而形成的保护性生产设施。

一、温室的类型与结构

（一）按外形分类

1. 单屋面温室

构造简单，一般北面有高墙，玻璃屋面向南倾斜，能充分利用阳光，保温良好，但通风较差，光照不均匀，植物容易偏向生长。节能日光温室是在我国北方形成并发展起来的一类特殊的单屋面温室，保温和透光性能均有了很大提高，可以在冬季不加温和基本不加温的情况下进行园林植物的生产。

2. 双屋面温室

又称全光温室。两面均为玻璃屋面，四壁除有矮墙外，全部是玻璃窗，光照与通风均良好，但保温性能差。现多用塑料薄膜或无纺布在温室内部设置两层保温幕来防寒保温。

3. 等屋面温室

又称 1/2 式、双面温室。屋脊两侧对称，屋顶及周围立窗均能采光，宜南北纵列。这类温室采光与室温均匀，通风良好，可周年使用。

4. 拱形屋面温室

多用热镀锌钢材作骨架，屋面呈拱形，南北向延长。屋面多为塑料薄膜或聚碳酸脂中空板覆盖。两侧或拱形屋面上设有活动的通风装置（侧窗和顶窗)。拱形屋面温室较双屋面玻璃温室造价低，施工快，但需根据塑料薄膜的寿命定期更换。

5. 连栋式温室

由等屋面温室连接而成。适合作大面积地栽植，保温良好，但通风较差。

(二) 按温室温度分类

1. 高温温室

又称热温室。室温 18～30℃，专供栽培热带花卉或用于花卉的促成栽培。

2. 中温温室

又称暖温室。室温 12～20℃，可供栽培亚热带花卉和对温度要求不高的热带花卉。

3. 低温温室

又称冷温室。室温 7～16℃，可保护不耐寒花卉越冬，也可作耐寒草花的生产栽培。

4. 冷室

室温 0～5℃，可供亚热带、温带一些花卉越冬之用。

(三) 按用途分类

1. 观赏温室

供展览、观赏温室花卉，普及科学知识之用。常设置在公园或植物园等公共场所。温室外形要求高大、宽阔、美观。

2. 生产栽培温室

以生产栽培为目的，建筑形成以符合植物的需要和经济实用为原则，外形简单，热能消耗较少，室内生产面积利用充分，有利于降低生产成本。依其内容不同又可分为繁殖温室、盆花温室、切花温室等。

3. 科研温室

设置于学校或科研单位专供内部教学、科研之用。以坚固、实用、经济为原则，内部对各种环境因子的控制与调节要求较高，常需配备较先进的仪器、设备，如温度调节器、天窗自动启闭装置、灯光自控开关等。

（四）按花卉种类分类

1. 兰花室

热带气生兰要求高温及荫蔽环境，华北一带的地生兰，一般冷室即可栽培。

2. 棕榈室

主要栽培热带棕榈类及观叶植物，需要高大的屋顶和宽敞的地栽面积，冬季保持中温或高温，夏季还需适当遮荫及良好通风条件。

3. 海棠类室

栽培各种秋海棠，要求温暖湿润环境。

4. 蕨类植物室

栽培蕨类观叶植物，要求蔽荫和潮湿环境，冬季保持低温或中温，夏季要求较高空气湿度。

5. 多肉多浆植物室

主要栽培多肉多浆植物，要求阳光充足及干燥的环境。

6. 花木室

供栽培各种不耐寒的花木使用，一般室温要求中等偏高。

7. 果木室

主要培育热带及亚热带果树。

8. 王莲室

一般设于植物园，供王莲观赏栽培，高温温室内要有一定面积水池和充足的光照条件。

（五）按结构材料分类

1. 砖木结构温室

墙壁、地基以砖石、水泥构筑，其余部分如温室骨架、门窗全部以木材制作。施工简易、轻便，但木材易腐烂，有遮光现象。

2. 钢材结构温室

温室的主要骨架全部使用钢材，多用于大型温室。遮光面积小，可充分利用日光，但钢材需要年年油漆维修，热胀冷缩常使玻璃破碎。

3. 铝合金结构温室

全部采用铝合金构件，覆盖物采用玻璃或钢化玻璃，这种具有天沟的连栋式温室，可无限延伸。荷兰、英国、德国的温室大多属此类。透光性好，维修费用低，使用年限长，但投资费用高。

4. 镀锌钢材温室

现代化温室中普遍采用镀锌钢材为框架，覆盖材料有玻璃、塑料等，常见的有玻璃钢温室、双层充气薄膜温室、双层硬塑料板温室、夹层充气玻璃温室等。

二、温室附属设施

（一）加温、保温、降温设施

1. 加温设施

（1）烟道加温　直接用火力加温的方法，其设备由炉灶、烟道、烟囱3部分组成。是北方小型温室较为原始的加温方式。设备费用低，但热能利用率低，温度不易调节，室内空气干燥，且污染空气。

（2）锅炉加温　在锅炉房内将蒸气或热水送入温室的散热器，使温室升温，回水再回入锅炉循环加热。水暖优于气暖，可保持室温均衡。大规模花卉生产采用由中心锅炉供热的采暖系统，可减少能源消耗和环境污染。

（3）电热加温　多应用于温室内局部加温，有电热暖风机和电热线等多种形式。具有温度均衡、清洁、管理方便等优点。电加热可以直接用于提高室温，还可应用电热丝在温床中铺设，或设置电热管于水池的水体中，以提高土温和水温。

（4）热风加温　将空气在暖风机内直接加温，通过送风管道将热风送至温室各部位。具有占地面积小、节能、无污染、加温快而均匀，并使空气对流等特点。

2. 保温设施

（1）保温帘　保温帘所用材料有蒲帘、草帘、苇帘、纸被等。北方地区的节能日光温室以及传统的单屋面温室，常用蒲草帘或稻草帘作屋面和侧透光面的外保温层。

（2）保温幕　一般在温室的立柱间用尼龙绳或金属丝绷紧构成支撑网，将无纺布、塑料薄膜、人造纤维的织物覆盖在支撑网上，构成保温幕。现代温室多通过传动装置和监测装置对保温幕实施自动控制。

3. 降温设施

（1）水帘降温　由水墙、循环水系统、排风扇和控制系统组成。水墙由具有吸水性、透气性、多孔性的材料制成。当系统启动后，水通过供水管沿水墙缓缓流下，形成一堵水帘，再从回水管流入缓冲水池。同时温室另一侧的排风扇将空气抽出，拉动室外空气通过水墙进入温室，室内空气湿度增加而温度下降。此系统可以人工启闭，也可以与温室测温系统连接，实现自动控制。

（2）微雾降温　将水以雾滴形式喷于温室内，雾滴细小，遇高温迅速蒸发，吸收空气中的热量，然后将潮湿空气通过排风扇排出室外，达到降温目的。

（二）加光、遮光设施

加光包括补充光照强度和增加光照时间。光源多选用白炽灯、水银荧光灯、金属卤灯、高压钠灯等。一般将光源设置在中柱的两侧或悬挂在栽培床的上方。灯泡功率的大小、安装密度以及离植物顶端的距离，依不同植物种类而异。此外，温室内充分利用反射光（墙上涂白、地面上铺设反光膜），不仅能增加光照度，而且可以改善光的分布，是一种简单实用的加光装置。

遮光装置主要用于促成栽培中的短日照处理，可设置遮光幕及自动控光装置。

（三）喷雾设备

喷雾设备由水管、喷头、旋转器、自控装置等组成。多安装在高处，能根据需要自动喷雾，达到一定湿度要求时自动停止。

（四）灌溉设备

1. 新型滴灌

滴灌设备在现代化温室中被广泛采用，进行盆花灌溉具有节水、保持土质疏松，可与施肥、用药结合等优点。滴灌设备中的细小塑料管的一端有小喷头和固定器，另一端插在总管上，总管与水管连接，用定时器控制。

2. 毛细管吸水装置

又称吸水垫。通过毛细管作用，从盆底引水进入盆内。此法可避免盆内无机肥淋溶而损失，可使介质始终保持湿润，且安装容易。缺点是花床要求水平，垫的使用寿命不长。

（五）通风、换气装置

温室一般都设置通风口、通风窗等通风装置。在大型温室中均设有自动启闭门窗的装置，以及安装一定数量的排风扇，进行通风换气。

（六）植物台和栽培床

1. 植物台

植物台主要供温室内放置盆栽植物所用。常见的植物台有平台式和阶梯式。平台式一般高 80 厘米左右，宽 1 米左右，具体高度和宽度以便于操作管理为度。阶梯式一般不超过 3 阶，每阶高 30 厘米左右。制作植物台的材料因地制宜，一般常用木板、角钢、管材、水泥等。

2. 栽培床

栽培床是温室内用于切花栽培或育苗的设施，有低床和高床之分。就地设置的为低床，高出地面的为高床。低床是用砖或混凝土预制块在地面砌成的种植槽，长度依温室条件和栽培床的方向而异。高床一般用混凝土或金属材料制成。

现代温室中，为了提高温室的利用率和操作上的方便，植物台和栽培床设置为可移动式。移动方式分纵向移动和横向移动两种。多用一般金属框架作固定，选用轻质金属材料为可移动的植物台或栽植床。台（床）借助滑轮或金属圆管在固定框架上移动，这样，一栋温室只需留一条通道即可，其余面积均设置框架并摆放植物台和栽培床。

（七）温室环境的自动化控制系统

温室环境自动化控制系统由中央控制装置（电脑）、终端控制设备、传感器等组成。电脑根据分布在温室内各处的许多探测器所得到的数据，算出整个温室所需要的最佳数值，使温室的环境控制处于植物最适宜的状态。自动化控制装置可进行温度、湿度、通风换气、光照等方面的调节，生产者可根据所栽培植物对环境的要求设定程序，通过计算机发出指令。因而既可以节约能源，又能得到最佳效果，但投资大。

第二节　其他栽培设施

一、温床和冷床

（一）温床

利用人工加温，并有较完善的保温设备的苗床叫温床。生产上用于越冬或促成栽培。

1. 温床的加温方式

温床的加温通常有电加温和酿热物加温两种。前者用电热线铺在床底用电加热增加床温，后者是利用微生物分解有机质所发生的热能增加床温，常用的酿热物有牛粪、马粪、碎草、落叶等。

2. 温床的构造

南北向设置，一般宽1.2～1.5米，长度可根据需要而定。形式为南低北高的框式结构。床框常用砖或水泥砌成，或直接用土墙筑成。一般北墙高90～100厘米，南墙高70～80厘米，床框上面覆盖玻璃窗或塑料薄膜等透光材料。

3. 温床的填装

温床应在前一年秋季挖好床坑，翌年3月上旬将酿热物装入床内，填埋厚度30～50厘米，保持一定的紧实度和含水量。填装后立即覆盖窗扇式塑料薄膜，3～5天后酿热物发酵，床温上升。待酿热物充分发酵，床温稳定不再上升后在酿热物上面铺10厘米厚的床土，即可使用。

（二）冷床

冷床又称阳畦，是不需要人工加温，只利用太阳辐射即可维持一定温度，进行种苗繁殖和促成栽培的设施。广泛应用于秋播春花类花卉的越冬和春播夏花类花卉的提前播种，也可用于耐寒花卉的促成栽培。建造冷床应选择地势高燥、排水良好、地下水位高、背风向阳，并且南侧没有高大树木或建筑物遮挡阳光的位置。传统的冷床由床框、床面覆盖物和风障构成。改良冷床主要由覆盖物、拱杆、支柱、后墙等部分组成。

二、塑料棚和塑料大棚

（一）塑料棚

塑料棚是塑料薄膜覆盖的拱形棚的简称，是一种利用塑料薄膜覆盖的不加温的简易保护栽培设施。它与温室相比，具有结构简单、建造和拆装方便、一次性投资较少、运行费用较低等优点。因而在生产上得到越来越普遍的应用。但塑料棚的保温性能、抗自然灾害的能力、内部环境的调控能力均较差。

（二）塑料大棚

塑料大棚是花卉栽培上一项经济实用的设备，具有延长花卉的生长期、抵御自然灾害、保温、保湿性能适合植物的要求等优点，故应用比较普遍。

1. 塑料大棚的结构

塑料大棚因生产的需要，有单栋独立建造的，也有两栋或两栋以上连栋建造的。连栋建造的称连栋大棚。单栋大棚室内环境容易控制，拆建容易，但管理操作受到一定限制。连栋大棚土地利用率高，管理操作更为方便。为便于内部环境控制，一般以 3 ~ 5 栋连接为宜。

常用的塑料大棚有竹或竹木结构、增强水泥结构和装配式镀锌钢管结构 3 种。

（1）竹木结构塑料大棚　常用的竹木结构塑料大棚有悬梁吊柱式竹木大棚和小型竹结构大棚。悬梁吊柱式竹木大棚宽 8 ~ 12 米，高 2 ~ 2.2 米，长 50 ~ 70 米。其立柱通常用直杂木，拱架和纵向拉杆用细竹竿和毛竹片。悬梁吊柱式竹木大棚在三北地区及黄淮地区应用较多。

小型竹结构大棚宽 4 ~ 5 米，高 1.8 ~ 2.0 米，长 30 ~ 50 米，棚内一般不设立柱。由于受到竹竿强度的限制，小型竹结构大棚不易太宽和过高，否则牢度较差，易受大风、积雪的危害。

（2）增强水泥大棚　分为玻璃纤维增强水泥大棚和钢纤维增强水泥大棚两种。其棚宽 6 米，棚高 2.5 米，拱间距 1 米，棚长 30 ~ 50 米。

（3）装配式镀锌钢管大棚　基本结构与竹木结构相似，但无立柱，构架材料均由专门厂家生产。大面积使用较多的为 GP 系列、PGP 系列及 P 系列。

2. 薄膜覆盖

生产中，大棚多用普通聚氯乙烯或聚乙烯膜覆盖。盖膜方法分为 4 块薄膜拼接、3 块薄膜拼接和 1 块薄膜满盖 3 种。

三、荫　棚

荫棚为夏季露地设备的棚架，是园林植物栽培不可缺少的设施，具有避免阳光直射、降低室内温度、增加空气湿度、减少蒸发和蒸腾等作用。播种育苗、嫩枝扦插育苗和温室植物越夏栽培都需在荫棚内进行。

荫棚可分为永久性和临时性两类。永久性荫棚用于温室花卉的越夏栽培和室内观叶植物栽培；临时性荫棚多用于露地繁殖床和切花栽培。另外，荫棚还分为生产荫棚和展览荫棚，生产荫棚广泛用于温室花卉的生产，而展览荫棚是为展览耐荫植物而设置的。

温室花卉越夏荫棚大多为东西向延长，设在温室近旁、通风良好又不积水处。一般高 2.5 ~ 3 米，多用铁管或水泥柱构成。棚架上多用苇帘、竹帘或遮阳网覆盖，遮光率视栽培花卉种类而定。荫棚宽度一般为 6 ~ 7 米，过窄则遮阳效果不好。荫棚下的地面要铺陶粒、炉渣或粗砂，以利排水，下雨时可免除泥水污染枝叶和花盆。

模拟测试题

一、名词解释

1. 冷床　　2. 荫棚

二、判断题

1. 冷室是用作需要低温春化的花卉作低温处理的场所。　（　）

2. 播种育苗、嫩枝扦插育苗和温室植物越夏栽培均可在荫棚内进行。　（　）

3. 花卉园艺上的温室及保护地主要的作用在花卉的引种、生产和科研方面应用。　（　）

三、简答题

1. 依外形、温度、用途、花卉种类、结构材料等的不同可分别将温室分成哪些类型？

2. 温室附属设施应包括哪些内容？

3. 温室附近与之配套的其他设施有哪些？它们各自的用途是什么？

4. 叙述温室环境的自动化控制系统的组成。

模拟测试题答案

一、名词解释

1. 冷床：冷床又称阳畦，是不需要人工加温，只利用太阳辐射即可维持一定温度，进行种苗繁殖和促成栽培的设施。

2. 荫棚：荫棚为夏季露地设备的棚架，具有遮光、降温、增湿等作用。

二、判断题

1. ×　　2. ✓　　3. ✓

三、简答题

1. 答：依外形分为单屋面温室、双屋面温室、等屋面温室、拱形屋面温室、连栋式温室等；依温度分为高温温室、中温温室、低温温室、冷室；依用途分为观赏温室、生产栽培温室、科研温室等；依花卉种类分为兰花室、棕榈室、海棠类室、蕨类植物室、多肉多浆植物室等；依结构材料分为砖木结构温室、钢材结构温室、铝合金结构温室、镀锌钢材温室。

2. 答：应包括加温、保温、降温设施；加光、遮光设施；喷雾设施；通风、换气设施；植物台、栽培床以及温室环境的自动化控制系统。

3. 答：(1) 温床：生产上用于越冬或促成栽培。(2) 冷床：种苗繁殖和促成栽培。(3) 塑料棚、塑料大棚：花卉生产及保护。(4) 荫棚：育苗及温室花卉越夏。

4. 答：温室环境自动化控制系统由中央控制（电脑）、终端控制设备、传感器等设施、设备组成。

第四章

花卉繁殖和良种繁育

本章提要：介绍花卉有性繁殖和无性繁殖的方法，以及进行花卉良种繁育的意义和方法。

学习目的：掌握花卉种子繁殖、扦插繁殖、嫁接繁殖、分生繁殖、压条繁殖以及组织培养的方法，并能熟练掌握花卉良种繁育的技术流程。

第一节　有性繁殖

有性繁殖即用种子繁殖，也称实生繁殖。其优点为繁殖量大，方法简便，苗株根系完整，生长健壮，寿命长，同时，种子易于携带、流通、保存和交换。缺点是不容易保持品种的优良性状。

一、种子的品质

种子品质是指种子质量的好坏，它包括遗传品质和播种品质两个方面。种子品质的优劣是播种育苗的关键，品质恶劣的种子常导致生产的失败。现代花卉园艺生产中，花卉生产性育苗用的种子，最好采用专业生产的优良种子。

（一）优良种子的条件

1. 品种正确

品种正确的种子，才能获得所期望的品种植株。品种不正确或品种混杂的种子常给栽培工作带来失败。所以在留种、选种和采种过程中，应采取措施保证播种后代具有纯正的优良遗传品质。

2. 发育充实

在同一品种的种子里，种粒大而饱满，所含营养物质较多，种胚发育健全，其发芽率和发芽势均高，发芽后生长健壮。充分成熟的种子，籽粒充实饱满，色深而有光泽。

3. 富有生活力

新采收的种子比陈旧的种子生活力强，发芽率和发芽势高，幼苗健壮，抗性强。贮藏不当或病瘪、破碎的种子生活力均很低。

4. 纯净无杂质

种子无枝叶、果皮及其他夹杂物。

5. 无病虫害

种子是传播病虫害的重要媒介，因此要加强种子病虫害的检疫，以防各种病菌及虫卵的传播。

（二）专业生产的花卉种子的产品类型

花卉种子生产是一项技术含量很高的花卉产业。商品化生产中，种子的生产和经营多由专业公司承担。专业生产的花卉种子产品主要有以下几类。

1. 原型种子

种子采收后，除清洁外未经其他加工的种子。

2. 整洁型种子

种子采收后，经加工处理，使种子清洁并更利于播种操作。常见的如除去菊科花卉种子的冠毛。

3. 丸粒型种子

在特别细小的花卉种子外面黏合一层泥土之类的物质，使种子颗粒增大便于播种操作。

4. 经催芽处理的种子

在一定的温度条件下，经化学物质或水的催芽处理成胚根萌动状态的种子。

5. 包衣型种子

在种子的表面涂上一层杀菌剂或普通的润滑剂，一般不改变种子的形状，使种子更清洁，同时又可使种皮软化，有助于播种机械的操作，并能防止幼苗生长过程中病菌的侵害。

（三）花卉种子的计量单位及大小

花卉种子常用的计量单位是克、千克、粒。花卉种子因种类不同而有大小之别，种子大小按每克粒数分成以下几类。

1. 大粒种子

每克约 10 ~ 100 粒种子，如牵牛花、百日草、大花秋葵。

2. 中粒种子

每克约800～1000粒种子，如石竹类、紫罗兰、鸡冠花。

3. 小粒种子

每克约2000～8000粒种子，如一点缨、四季报春、金鱼草。

4. 细小粒种子

每克约10 000～250 000粒种子，如矮牵牛、球根海棠、蒲包花。

二、种子的采收和贮藏

（一）种子的采收

1. 留种母株选择

留种母株应选择能体现品种特性、健壮而无病虫害的植株。大面积栽培应选地势高燥、阳光充足的地方辟留采种基地，进行留种母株的专门培养。为避免品种间机械或生物的混杂，对一些近缘的异花授粉花卉要隔离种植，并经常进行严格的检查、鉴定，淘汰劣变植株，保证品种纯正。

2. 种子成熟

种子成熟包括生理成熟和形态成熟两个过程。当种子内部的营养物质积累到一定程度，发育到具有发芽能力时，称为生理成熟。生理成熟的种子本身含水量高，内部营养物质处于易溶状态，种皮不致密，尚未完全具备保护种仁的特性，种子水分容易散失。此时采集的种实，其种仁容易收缩而干瘪，不利于贮藏，发芽率低。种子播种出苗后，生长势弱，抗性差，容易被微生物侵害，因此大多数花卉的种子不应在此时采集。

当种子发育到其外部形态呈现出固有的成熟特征时，称为形态成熟。此时，果实颜色一般由绿色转为黄褐色或暗褐色。形态成熟的种子含水量降低，种皮坚硬致密，种仁饱满，具有一定的光泽和色泽，呼吸作用微弱，开始进入休眠状态，容易贮藏。种子播种后出苗整齐，生长势旺盛。生产上一般在形态成熟时采集种子。

3. 种子采收

种子采收是一项季节性很强的工作，必须做到适时。采种期主要根据种实成熟期、脱落期、脱落方式等来确定。采收时要考虑种子着生部位、果实开裂方式以及种子的成熟度。同一植株主干及靠近主干的侧枝所结的种子较饱满；植株向阳面结的种子品质较好。不少花卉的种子，如蜀葵、金鸡菊、茑萝、翠菊等为陆续成熟，采收应分期分批进行；对于易开裂的蓇葖果类，如飞燕草、芍药、耧斗菜；蒴果类，如醉蝶花、花菱草、三色堇、石竹等，宜在开裂前于清晨空气湿度较大时采收；对种子不易散落的种类，可在全株种子大部分成熟后，整株收割。

4. 种子的调制

（1）脱粒　对于易开裂的蓇葖果类、蒴果类、荚果类、坚果类，可将果实放在日光下晒干，使果皮自然开裂，种子即自行脱出；对于不易开裂的蒴果类、角果类和不易脱落的坚果类，可将果实放在日光下晒干，用棍棒敲打，再用手揉搓，使种子脱出；牡丹、玉兰等少数蓇葖果只能阴干；肉质果类常用堆沤、揉搓的方法弄碎果肉，取出种子后阴干。

（2）净种　净种就是清除种子中的各种夹杂物，如种翅、鳞片、果皮、果柄、枝叶碎片、瘪粒、土粒以及异类种子等，以提高种子纯度，有利于贮藏和播种。常用净种方法有风选和粒选两种。风选是借风力将种子的夹杂物吹走，如用风车、簸扬机、簸箕等将种子和夹杂物分开，适用于中小粒种子的净种。粒选，即用人工将种子按颗粒的大小分级挑选，适宜紫茉莉、牵牛等较大粒种子净种。

（3）干燥　种子经过净种，仍需晾晒，使其干燥，以利贮藏。晾晒要适度，使种子内维持其生命活动的含水量保持在最低限量，这就是种子的标准含水量。种子的标准含水量因花卉种类而异。

（4）分级　把同一批种子按种粒大小进行分类，称为分级。分级一般采用不同孔径的筛子筛选。分级后的种子分别播种，出苗整齐，便于管理。

（二）种子的贮藏

种子贮藏的目的是为了保持种子发芽率，延长种子的寿命，以适应生产的需要。种子贮藏的原则是抑制呼吸作用，减少养分消耗，保持活力。密闭、低温、低湿都是抑制呼吸作用的办法，所以应将充分干燥后的种子放在密闭的容器中，置于干燥、通风、低温（1～5℃）、低湿处（相对湿度在30%～60%）进行贮藏。

三、播种前的准备

（一）播种床

露地播种时，应选通风向阳、排水良好的圃地做床。北方气候干旱区应做低床，使床面低于地面，两侧高出的畦埂作为步道，利于灌溉和保留雨水。床面多为宽 1.5 米、长 6 米，便于操作。畦梗宽度 20 厘米即可，采用东西向排列，使受光均匀。床土经阳光暴晒消毒后，应打碎土块并除去杂物，耙平后稍加镇压，使床面平整、床土松紧一致，以免灌水后发生塌陷。播种土以富含腐殖质、轻松的壤土或砂质壤土为宜。播种前将播种床灌足水分，以使床土较长时期保持湿润。

（二）播种育苗的容器及介质

盆播育苗的容器必须轻便、不易变形、易于清洗、规格正确，目前市场上已有多种规格可供选用（图 4-1）。重复使用的容器必须经过清洗、消毒。用于播种育苗的介质，必须轻质、疏松、卫生、理化性状稳定，可用珍珠岩、泥炭、草木灰和蛭石按 1∶2∶1∶1 比例或用经过消毒的泥炭土和粗粒珍珠岩按 8∶2 的比例配成播种介质。容器做好排水孔的垫塞，先装入粗粒土以便排水，在粗粒土上加入制备好的播种土或播种介质（图 4-2、4-3）。按实抹平，使土面距离盆沿 1 厘米左右。

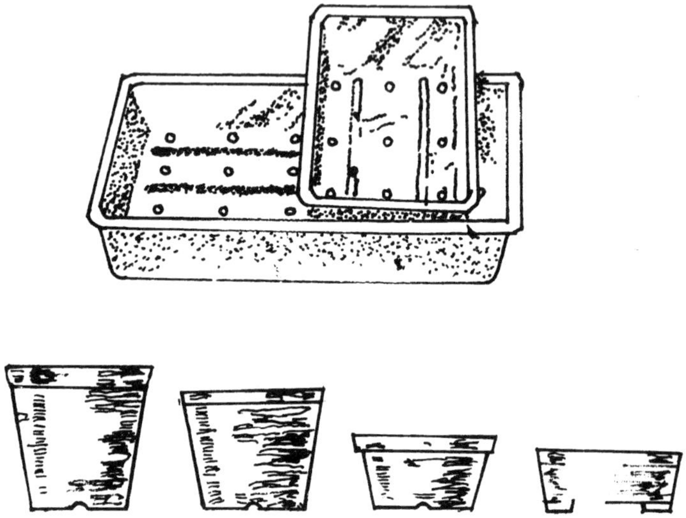

图 4-1　播种盆箱

（三）种子处理

多数种子或由种子公司专业生产的种子，一般不加处理即可播种，但一些大粒种子及种皮坚硬发芽困难的种子则需进行适当处理，以加快出苗速度和保证出苗整齐。

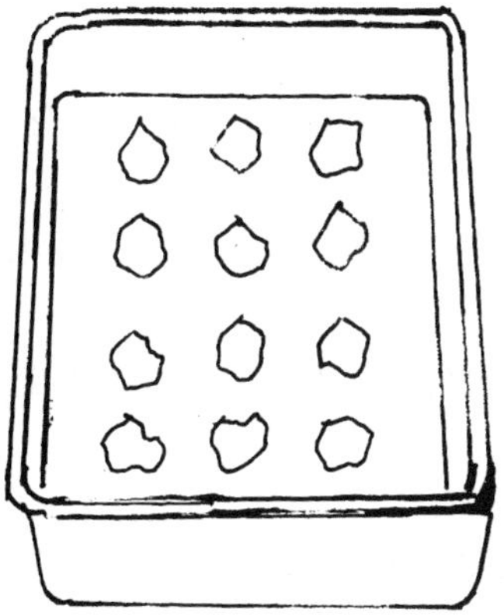

图 4-2　盖住排水孔

图 4-3　装入播种介质或播种土

1. 浸种

多用于休眠期短或不休眠的种子。播种前用冷水或温水浸泡 2～24 小时，温水以 40℃左右为宜，可使种皮软化，有利于催芽。

2. 剥壳

对果壳坚硬不易发芽的种子，需将其剥除后再播种。如黄花夹竹桃等。

3. 挫伤种皮

美人蕉、荷花、桃、郁李、榆叶梅等种子种皮坚硬不易透水、透气，胚根和胚芽很难突破外皮，可在播种前在近脐处挫伤或刻伤种皮，经温水浸泡 24 小时再播种。

4. 药剂处理

用浓硫酸或氢氧化钠等药物浸泡坚硬的种子，然后用清水洗净再播，可明显改善种皮的透性，促进迅速发芽。

5. 砂藏

对于一些要求低温和湿润条件下完成休眠的种子，如牡丹、鸢尾、蔷薇、芍药、山桃等常用低温砂藏进行处理。入冬前将种子与 3 倍湿沙均匀混合，装入容器后置于冷室，翌春取出播种。

四、播　种

（一）播种时期

播种方式可分露地播种与温室播种。播种的时间应根据当地的气候条件、花卉的特性及其需要开花的时间而定。

1. 露地花卉播种期

露地一年生草花采用春播，北方多在3～4月进行。需要提早开花的，如“五·一”节花坛用花，可提前于2～3月在温室、温床或冷床中育苗。

露地二年生草花为秋播，北方在7～8月进行。冬季大多数种类需入温床或冷床越冬。

宿根花卉及木本花卉中除不耐寒的需行春播外，一般春秋雨季均可进行播种。

2. 温室花卉播种期

温室花卉播种一年四季均可进行。大多数种类在春季1～4月播种，少数种类如瓜叶菊、报春花、蒲包花、仙客来等在7～9月间进行。有些温室花卉的种子寿命极短，如四季秋海棠等应随采随播。

（二）播种方法及管理

1. 地播

多数露地花卉均先将种子播于露地苗床，经分苗培养后再定植。有些直根系的花卉不耐移植，如虞美人、花菱草等，可在花坛内直播，以免移植时损伤根系。

（1）播种方法　根据种类可选择撒播、条播、点播几种不同的方法。播种应力求均匀，小粒种子可拌入2～3倍细砂后再播。

（2）播种深度　即覆土厚度，需视种粒大小、土质、气候而定。一般覆土深度为种子直径的2～3倍。大粒种子覆土宜厚，小粒种子覆土易薄。黏质土壤保水性好，宜浅播，播种过深不利出苗。砂质土壤保水性差，表层易干燥，宜深播。干旱季节播种宜深，潮湿多雨季节播种宜浅。春夏播种覆土宜薄，北方秋季播种覆土宜厚。

（3）镇压、覆盖　播种覆土后应及时镇压，将床面压实，使种子与土壤紧密结合，便于种子从土壤中吸收水分而发芽。对疏松干燥的土壤进行镇压显得更为重要。镇压后，可在床面上覆盖一层稻草或塑料薄膜，以保持水分，促使种子发芽。湿润、黏重的土壤不宜镇压。

（4）浇水　镇压、覆盖后立即浇水。一般用细孔喷壶喷洒，或采用自动喷雾机喷雾。整地后（播种前）已浇透水且土壤湿润可不立即浇水，但浸水处理过的种子应立即浇水。

（5）播种后的管理　种子发芽需要适当的温度、空气和水分。一般种子发芽的适温为15～20℃，也有少数种类喜欢高温。水分是种子发芽不可缺少的因素，所以要经常保持播种地的湿润，但浇水要均匀适量。水分过多，土壤通气不良会引起种子腐烂，水分过少则使种子发芽缓慢甚至不发芽，播后尤忌种子萌动时缺水。在播种初期水分要稍多，发芽后适当减少。要经常观察出苗情况，待70%种子出苗后逐渐拆除覆盖物，逐渐增加光照，并适当减少浇水量，促使幼苗健壮。待幼苗出现2～3片真叶时，开始间苗或移植，加大营养空间，有利通风、透光。一般种子发芽前都不需强光，但凤仙花、彩叶草等种子必须要有充足的光照。

2. 盆播

室内盆播一般数量较小，操作比较精细，播种方法一般可分撒播、条播和点播3种，小粒种子掺细土后撒播，大粒种子用点播。播种不可过密，否则幼苗细弱。播种后用细筛覆土，厚度约种子大小的2～3倍。极细小的种子如大岩桐、蒲包花、四季秋海棠等覆土极薄，以不见种子为度，或不覆土，仅用木板轻压即可。

盆播浇水多采用浸盆法。把播种盆下半部浸入盛水的浅盆中数分钟，使水由盆底排水孔中渗入，直至盆面湿润立即取出。浸盆后用玻璃或报纸覆盖盆口保温保湿。盆边应留适当缝隙透气。播种盆箱应置于温暖通风，无阳光直射处。经常观察情况，及时防除病虫害和杂草。出苗后拆掉遮盖物，并开始从阳光较弱处逐渐移至阳光充足处。视土壤干湿情况，开始用细孔喷壶浇水。当长出1～2片真叶时可仍用浅盆移植。

大规模生产种苗，可用喷雾法浇水。在育苗区安装喷雾的装置，可以定时喷雾，一般白天间歇喷雾。无论何种浇水方式，水分管理都应保持播种土或介质湿润，防止过干过湿。尤其在阴雨季节，要注意排水。

3. 穴盘育苗

穴盘育苗是近几年发展起来的一种新的育苗方式，被广泛应用于花卉育苗。它是指在多孔育苗盘（亦称穴盘）的小孔中盛装泥炭和蛭石等混合基质进行播种育苗，1孔育1苗，亦称普乐格育苗技术。依据植物种类的不同，可1次成苗或仅培育小苗供移植用。穴盘育苗技术具有提高种植苗栽培品质，缩短生长周期；提高种子和种苗的利用率；使用方便，降低劳动成本等优点。其技术要点是：

（1）穴盘中的孔穴呈“倒金字塔”形，这种形状的空间最有利于植物根系迅速而充分地发育，而发达的根系是植物幼苗移栽后正常生长的首要条件。根据需要，穴盘上的孔穴可大可小。

（2）专业化的育苗基质是穴盘育苗技术的关键。穴盘育苗所用的育苗基质，主要由泥炭苔组成，同时还加入珍珠岩、蛭石、树皮、保湿剂以及基本养分。不同的花卉采用不同的穴盘育苗基质，以保证幼苗生长的特殊需要。

（3）精致的栽培技术是穴盘育苗技术的核心。根据品种的不同，穴盘育苗的育苗时间通常是3~6周，这段时间又可以分为4个时期，而不同的时期对养分、水分、pH、电导度（*EC*）、温度、光照以及植物激素的管理要求也不尽相同。

第二节　无性繁殖

无性繁殖是利用植物的根、茎、叶等营养体的一部分来进行繁殖，从而获得全新个体的方法，亦称营养繁殖。其优点是能保持品种的优良性状，提早开花结实。但适应性不如实生苗，且寿命较实生苗短，易衰老。此法多用于不易结实的种类以及播种苗至开花期年限太长的种类。此外，一些珍贵的花卉为保存其品种特性，避免有性繁殖产生性状变异，也多用无性繁殖。

无性繁殖主要有扦插、嫁接、压条、分株等方法。

一、扦插繁殖

将植物的部分营养器官（茎、叶、根等）插入基质中，使之生根发芽长成新株的繁殖方法。扦插繁殖应用于大部分花卉，在花卉栽培中占有重要地位。

（一）扦插的种类和方法

扦插的种类因扦插材料不同分为枝插、叶插、叶芽插和根插。

1. 枝插

依枝条的木质化程度可分硬枝扦插和嫩枝扦插。

（1）硬枝扦插　用已经木质化的枝条作为插穗进行扦插。插条应在花木落叶后或开始落叶时从生长健壮、品种优良的幼龄母株上剪取，枝条选组织充实、充分木质化的1~2年生枝。硬枝插多在秋季落叶后至来年萌芽前的休眠期进行。秋插宜在土壤结冻以前，若要春插，可将插条埋藏于土中或窖藏，在芽未萌动前插入基质。

剪取插穗应选取插条的中间部位，去掉梢端组织不充实部分及基部无芽及芽质过差部分。一般插穗的长度以15~20厘米为宜。插穗应粗壮、充实、芽饱满。每根插穗上应带3~4个芽，上剪口距芽1厘米，下剪口距最下面芽1厘米或靠近节间处。芽节附近薄壁细胞较多，细胞活性强，分裂快，容易形成愈合组织及生根。切口应平滑，不能撕裂，剪口的形状可以是平口或斜口。有些花木插穗基部可带一片二年生老枝树皮，或带一段老枝，插穗剪成踵状或槌状，有利于成活，应用于桂花、南天竹、桃叶珊瑚、木瓜及松柏类效果较好。

插穗准备完毕，即可按定好的株行距将插穗斜插或直插于苗床中，插入深度约为插穗全长的2/3，为避免插穗皮层与基质摩擦受伤，可先用相似粗细的木棍插孔后再行插入，插后压实浇水（图4-4）。

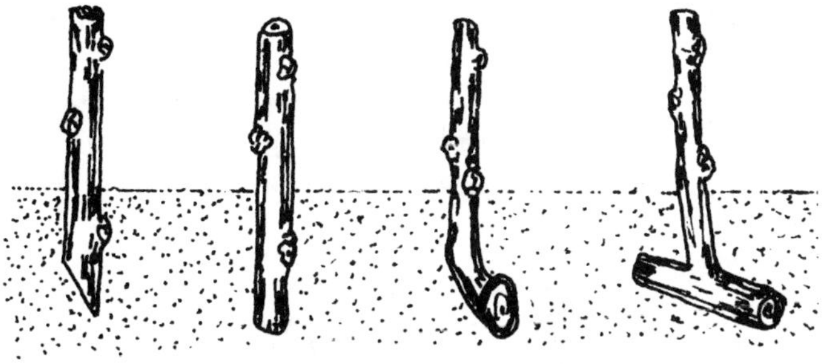

图4-4 硬枝扦插

A. 普通枝插 B. 踵状扦插 C. 槌状扦插

（2）嫩枝扦插 又称绿枝扦插或生长期扦插。采用半木质化的带叶插穗，在生长季节进行的扦插繁殖方法。大多数木本花卉均宜在雨季扦插，温室花卉可以周年在室内进行。

草本花卉的插穗宜选枝梢部分，组织宜老熟适中，过于柔嫩易腐烂，过老则生根缓慢，如菊花、香石竹、一串红等。木本花卉应选当年生发育充实的半木质化枝条，如顶端过嫩，插后不易成活。剪取带有饱满芽的枝条，应用湿布包好或放于盛水桶中，在阴凉背风处剪制成插穗。插穗长10～15厘米，带2～3个芽，保留顶部2～4枚叶片。最好随采、随剪、随插，插入深度为插穗的1/3～1/2。

仙人掌与多肉多浆植物，剪取后应放在通风处干燥几日后再扦插，否则易引起腐烂（图4-5、4-6）。

2. 叶插

叶插法是用全叶或一部分叶作为插穗的一种扦插方法。凡叶片肥厚，叶脉或叶柄处容易产生不定根和不定芽的植物，均可进行叶插繁殖。

（1）全叶插 以完整的叶片为扦插材料的方法。根据叶插发根部位的

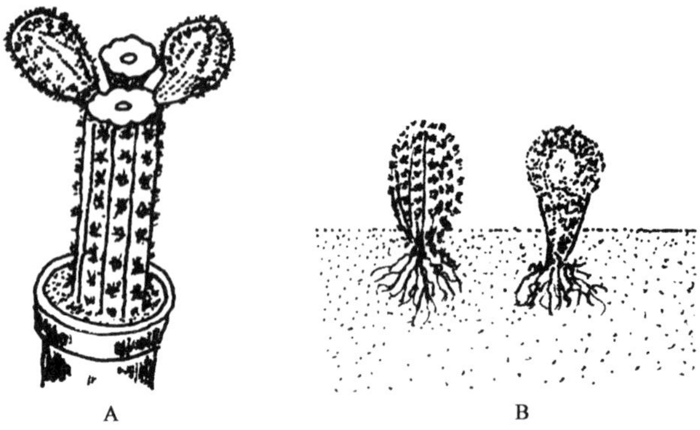

图 4-5　仙人掌植物扦插

A. 截头后分生分枝　B. 剥离新枝扦插成活

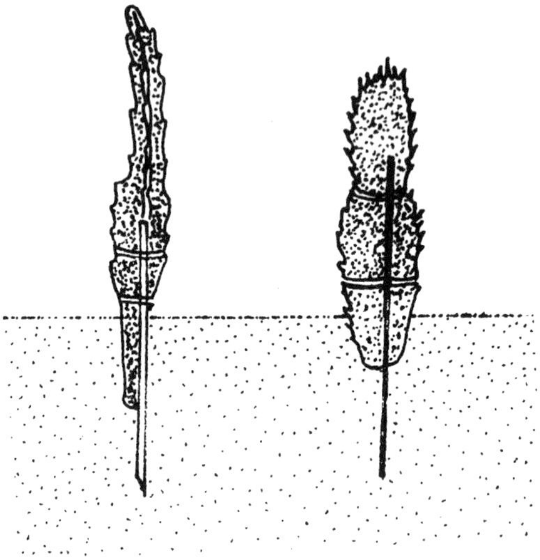

图 4-6　多汁植物的扦插

不同，又可分为平置法和直插法。平置法扦插光剪除叶柄，叶片边缘过薄处亦可适当剪去一部分，以减少水分蒸发。再将叶片平铺在干净湿润的沙面上，并可用竹针固定，使叶背与基质密切接触。落地生根用此法能自叶缘处生根发芽。叶片较大的蟆叶海棠，可将叶片上的支脉于近主脉处切断数处，则于切断处发出新株。而直插法是将叶柄插入基质，叶片立于外面即可，以后由叶柄基部发根生芽，形成新的个体。大岩桐、非洲紫罗兰、菊花、豆瓣绿等可采用此法。

（2）片叶插　是将完整的叶片分成数块后（每块应有一段叶脉），分别进行扦插的方法。如大岩桐、秋海棠、虎尾兰等可用此法繁殖（图 4-7）。

图 4-7　虎尾兰叶插形成新株

3. 叶芽插

用叶芽或着生叶芽的一小段枝条作插穗扦插，插穗上仅具 1 芽 1 叶。扦插时，芽的对面略削去皮层，将插穗的枝条插入土中，叶片露出基质，芽梢隐没于基质中，以免阳光直射。可在茎部表皮破损处愈合生根，腋芽萌发成为新植株。此法多用于叶插不易产生不定芽的种类，如切取橡皮树的叶片，叶基部带一腋芽，插于小盆或木箱中，为防止插穗动摇，可将叶片卷合扎起，中间穿小枝、竹片等作支柱固定。除此，山茶、桂花、茉莉、夹竹桃、八仙花、菊花、天竺葵等均适用此法繁殖（图 4-8）。

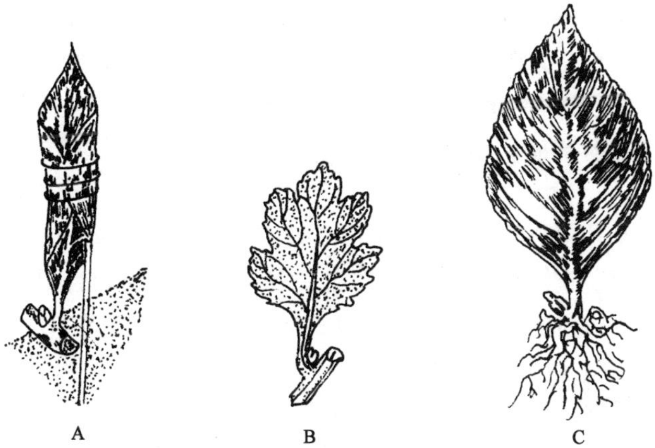

图 4-8　叶芽插

A. 橡皮树　B. 菊花　C. 山茶

4. 根插

用根作插穗的扦插方法叫根插。适用范围仅限于易从根部产生不定芽的种类，如芍药、荷包牡丹、凌霄等。春、秋均可，结合分株进行。扦插时可将其粗壮的根剪成 5 ~ 10 厘米的根段，在已整好的床内，开沟将种根斜插或水平放于沟内，然后覆土 2 ~ 3 厘米，注意上下方向不可颠倒，插后立即灌水（图4-9）。一些草本植物的根，如蓍草、宿根福禄考、肥皂花等，可剪成3~5厘米的小段，撒播于浅箱（盆）或苗床，覆土1厘米左右，保持湿润，待产生不定芽后即行移植。

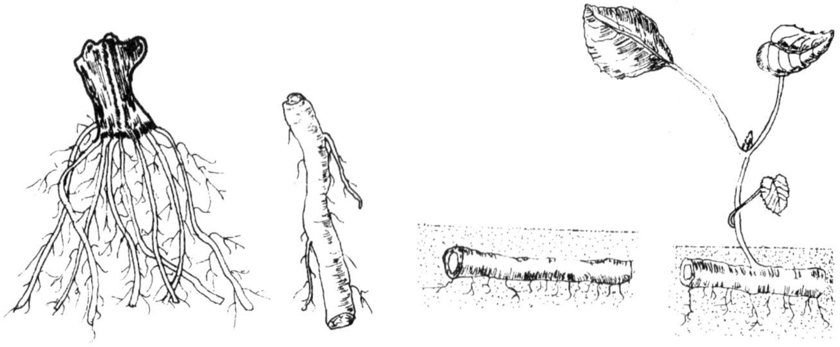

图4-9　粗壮根类的根插法

（二）扦插床和扦插基质

1. 扦插床

少量的扦插，可以利用扦插盆或扦插箱，室外可以露地做畦扦插，也可以做成简易的扦插繁殖床。扦插繁殖床的做法是用砖或水泥砌成长20米以内，宽1~1.2米，高0.25~0.30米的床框，底部垫炉渣或砾石等作排水层，上层铺扦插基质，稍加压紧就可扦插。常用塑料薄膜覆盖，并有遮荫条件。

全光照喷雾育苗是一种先进的扦插育苗技术。是指在自然光照条件下，不加任何遮阳设施，在苗床上安装自动控制喷雾设备，使其按需要自动喷雾，以降低空气温度，保持叶面湿度，既能保持插穗体内水分的平衡，又能保证叶面进行光合作用的育苗方式。采用这种育苗方式，可以较好地解决光照与湿度的矛盾，大大提高扦插成活率，缩短育苗周期，已被我国南北地区广泛采用。

全光照苗床能够自动喷雾，关键在于电子叶输送的信号。电子叶上有两个电极，当电子叶上的水分挥发，电子叶的两极短路，使湿度自控仪的电源接通，电磁阀打开，接通水源，喷头喷雾；当插穗叶面上喷满水分时，电子叶上也形成了水膜，电子叶就中断信号，电源断开，停止喷雾。还可用程控仪设置定时喷雾，如喷雾1分钟，间歇3~5分钟。这样自动反复循环，使叶面上的湿度始终保持饱和状态，降低温度，有利生根。

2. 扦插基质

基质本身不含或少含养分，并具有保水、通气、透水的性能，便于生根。露地扦插时应选用疏松的砂质壤土，盆插或扦插床中常用河沙。若与保水力强的泥炭混合使用，扦插效果更好。全光照喷雾扦插多用蛭石、珍珠岩、细砂等作扦插基质。还有一些花卉种类，如绿萝、合果芋、巴西木、银星海棠等，进行水插也可生根。

（三）扦插苗的管理

1. 湿度

水分是插穗生根的重要条件之一。通过遮阳、喷雾、覆土等措施，可减少插穗水分蒸腾；通过灌水、地膜覆盖等措施保持基质湿润，以促进插穗生根。基质的含水量过高时，易导致插穗腐烂变黑而不能成活。一般以保持含水量50% ~60% 为宜，而空气湿度则应保持在80% 以上。嫩枝扦插最好采用喷雾装置，保持叶片水分处于饱和状态，使插穗处在最适宜的水分条件下。

2. 温度

扦插生根的最适温一般为20 ~25℃，热带原产的植物，其生根温度略高。扦插苗要求地温比气温高3 ~5℃，则更利于生根。早春地温较低，需要覆盖塑料薄膜或铺设地热线等措施增温催根。夏秋季地温高，气温更高，需要通过喷水、遮阳等措施进行降温。在大棚内喷雾可降温5 ~7℃，在露天扦插床喷雾可降温8 ~10℃。采用遮阳降温时，一般要求遮蔽物的透光率在50% ~60% 。

3. 氧气

愈合组织形成以后，新根发生之时，均需要氧气，故此时必须注意通风换氧。基质中的氧气含量太少时，常招致插穗腐烂，故扦插时不宜插入太深，并应选用疏松通透的基质。

4. 光照

软材插需光照，但光度不宜太大。带叶插穗扦插后在阳光下能合成养分对生根有利，但不宜强光，否则温度升高，增大了蒸发量，反而使插穗萎蔫难以恢复。一般在扦插初期均需适当遮荫（有喷雾设备可以不遮荫），透光率在50% ~60% 为宜。随插穗逐渐生根及生长，可加大光照强度及光照时间。

5. 施肥

插穗生根前一般不需施肥。当插穗生根抽梢后，插穗内的养分已基本消耗尽，则需要进行施肥。嫩枝扦插可采用叶面施肥的方法，插穗生根后每隔1～2周喷洒0.1%～0.3%的氮磷钾复合肥料。硬枝扦插可将速效肥稀释后随浇水施入扦插床。

二、嫁接繁殖

嫁接是把需要繁殖的植物的枝或芽接到另一植株上，使两者生长愈合，形成独立新植株的繁殖方法。用于嫁接的枝或芽称接穗或接芽，承受接穗的带根植株称为砧木，接活后的苗称嫁接苗。嫁接可以保持品种的优良性状，提高对环境的适应性，增强观赏效果，并可提早开花结果。不足之处是手续较繁杂，技术要求也比较高。同其他营养苗一样，嫁接苗寿命较实生苗短。

嫁接成活的原理，是具有亲和力的砧木和接穗，通过二者切削面的紧密相接，在适宜的环境条件下，先形成愈合组织，然后分化而形成共同的形成层，进而产生共同的输导组织，使砧木和接穗形成一个新的个体。

砧木和接穗间的亲和力，是嫁接能否成功的重要因素。亲和力指的是砧木和接穗之间在生理生化、形态解剖等方面相近或相同的程度，以及嫁接成活后，生长发育为一个健壮新植株的潜在能力。一般在植物分类上亲缘关系相近的种间进行嫁接时，其亲和力高；其次，砧木和接穗的生活力，如苗龄及健康状况等都会影响嫁接的成活率；最后，还要根据接穗和砧木所处的环境条件和生长发育时期，选择最适宜的嫁接方法。

（一）嫁接方法

1. 枝接

以枝条为接穗。枝接的方法主要有以下3种：

（1）切接　选定砧木，水平截去上部，在其一侧纵向切下约2厘米左右，稍带木质部，露出形成层。选一年生充实的枝条，截取长6～10厘米长的茎段作接穗，其上具有2～3个芽，将下部削成两个对称斜面，一面长2～3厘米，另一面长0.5～1.0厘米。削面必须平滑，最好是一刀削成。把接穗的长削面向里，插入砧木的切口内，并将两侧的形成层对齐，至少应使一侧形成层对准。最后用塑料绳将接口绑紧（图4-10、4-11）。

切接宜于春季萌芽前进行为宜。金橘、香圆、石榴等均可采用此法。

（2）劈接　当砧木较粗、接穗较细时，可用劈接法进行枝接（图4-12）。

接穗保留2～3个芽，基部削成楔形，两侧的削面要长短一致，表面应平滑。将砧木离地面10～20厘米处截冠，剪口表面要平滑。再在砧木横切

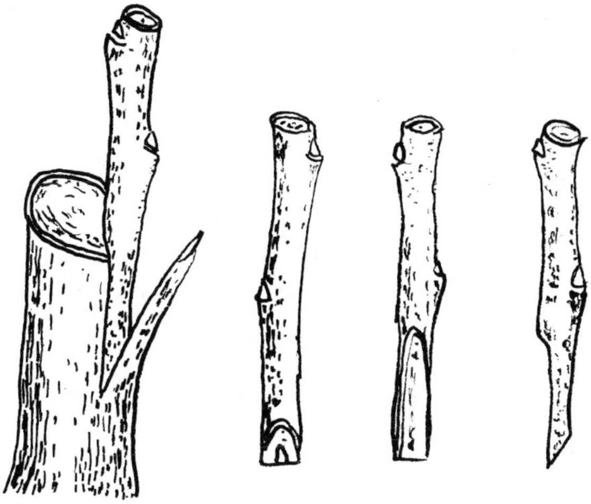

图 4-10　切接法

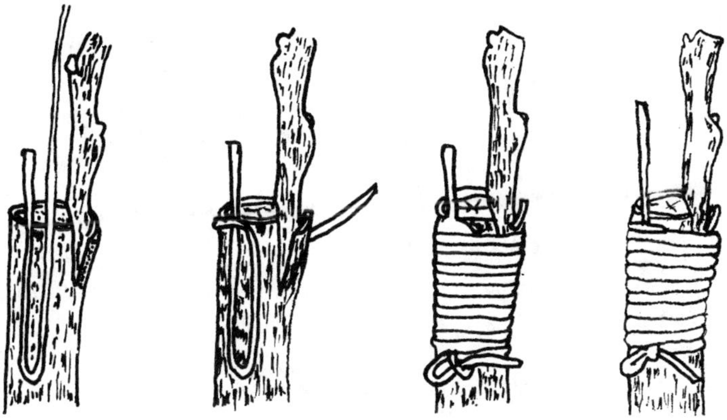

图 4-11　接合部包扎

面中央用嫁接刀垂直劈下 3 ~ 5 厘米。插入接穗时，应将接穗外侧的形成层和砧木一侧的形成层对齐。由于劈接时砧木的截面伤口大，绑扎时要用塑料绳或蜡将剪截面封住，以免伤口失水干燥而影响成活。

菊花生长季嫁接以及开花乔木的嫁接多用此法。

（3）靠接　将要选作接穗与砧木的两株植株置于一处，选取可以靠近的两根粗细相当的枝条，在能靠拢的部位，接穗与砧木都削去长约 3 ~ 5 厘米的一片，然后相靠，对准形成层，使其削面密切结合并扎缚紧密。待愈合后，将接穗切离母株即可（图 4-13）。

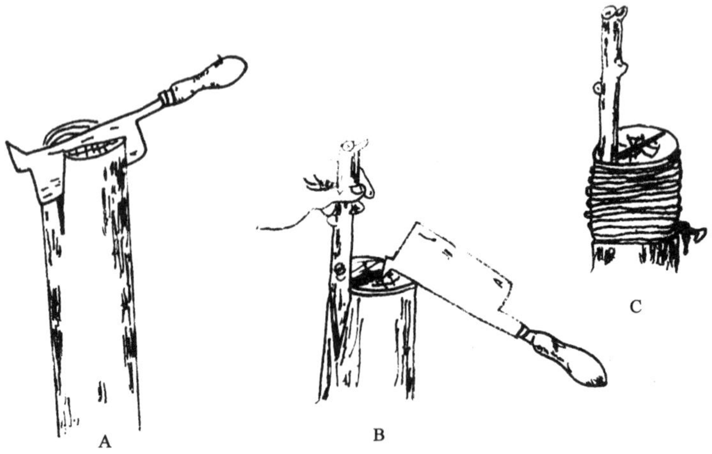

图 4-12　劈接法

A. 劈砧木　B. 插入接穗　C. 绑扎接口

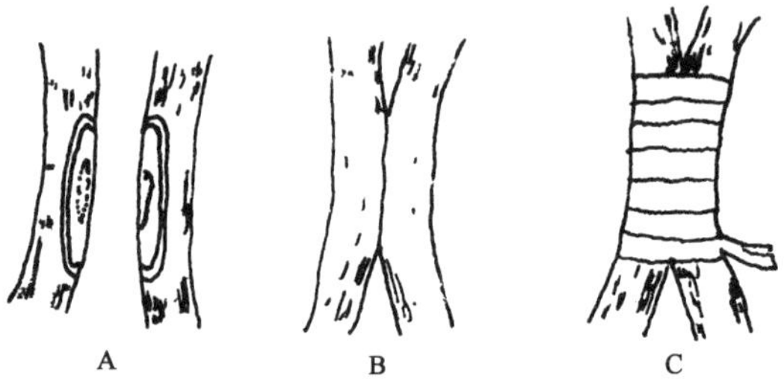

图 4-13　靠接

A. 砧木和接穗切削面　B. 接合　C. 扎缚

靠接一般多用于嫁接成活较困难的花木，在生长季节进行较好。此法常用于桂花、蜡梅、白玉兰、翠柏、山茶等花木的繁殖。

2. 芽接

切芽作接穗，多在生长期进行，北京地区以白露节前后进行最佳，因此时枝条腋芽发育充实而饱满，而砧木树皮容易剥离。

常采用“T”字形芽接。将选作接穗枝条上的叶片剪掉仅留叶柄，选好接芽，在接芽上方 0.3～0.5 厘米处横切一刀，深入木质部 0.1 厘米左右，再把刀从接芽下方 0.6～1.0 厘米处用力深达木质部向上推削，至接芽上方的切口为止，芽片成盾形，连同叶柄一起取下，并保湿。如芽片带有木质部应剔除。在砧木离地面 5～10 厘米处的一侧横切一刀，深及木质部，再从切口中间向下纵切一刀，长约3厘米，使成“T”字形。轻轻把皮剥开，将盾形接穗芽片插入“T”字口内，并使接穗上方的横切口与砧木上方的平切口处紧密对合。最后用塑料膜带扎紧，注意要露出芽及叶柄（图4-14）。

常用此法的有月季、梅花、碧桃、海棠等。

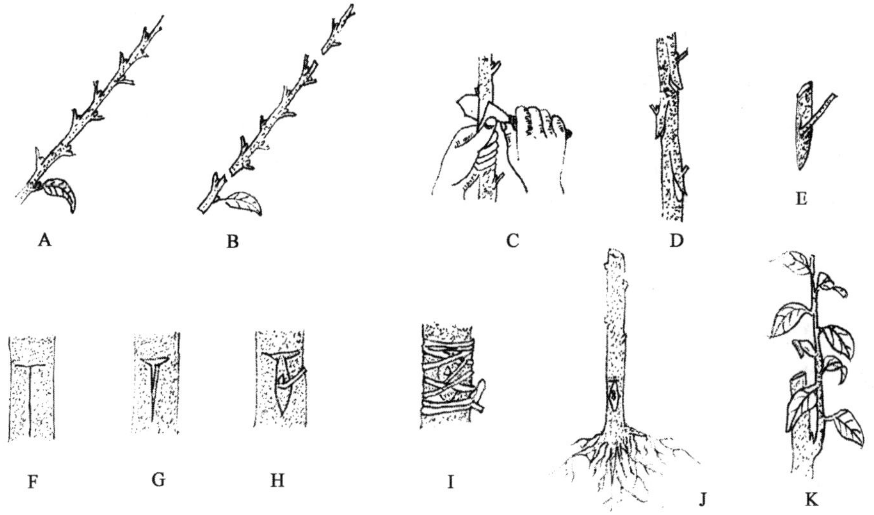

图4-14　芽接法

A. 剪取枝条，去叶片，留叶柄　B. 中段作接穗　C、D. 削接芽法　E. 接芽
F. 砧木“T”字形刻伤　G. 剥开皮　H. 插入接芽　I. 包扎　J. 嫁接苗　K. 接芽抽生状

（二）嫁接苗的管理

1. 检查成活率

芽接在嫁接后7～14天检查是否成活，若接芽新鲜，叶柄一触即落即为成活。枝接在嫁接后20～30天检查是否成活，若接穗保持新鲜即为成活。对未成活的可以补接。

2. 解除绑扎物

嫁接成活后应适时解除绑扎物。不可过早或过晚，过早接口愈合不牢，松绑过晚接口生长受阻。芽接一般在嫁接成活后20天即可松绑。枝接一般在新芽长至2～3厘米时才可松绑。

3. 剪砧

夏末或秋季芽接成活后，可在翌年早春萌芽前，将接芽以上的砧木全部剪掉。剪口应在接芽上方0.5~1厘米处，向芽的反侧略倾斜。靠接植株成活后，即可从接口的下方把接穗从母株上剪断，从接口的上方把砧木剪掉，即成为一个独立的新植株。

4. 除萌

剪砧后，砧木上常萌发许多蘖芽，要及时除去，以免与接穗争夺水分和养分，影响接穗的生长。除萌一般要反复进行多次。

5. 其他抚育管理

新梢生长期间，可紧贴砧木立支柱，防止大风吹倒或吹折新梢。结合夏季和冬季管理应进行必要的整形，如摘心、抹芽、定干等。根据苗木生长状况及生长规律适时灌水、施肥、松土除草、防治病虫害及防寒。

三、分生繁殖

利用植物的分生能力，对于丛生、萌蘖性强及球根类的园林植物进行分离栽植以繁殖新个体的方法，统称为分生繁殖。分生繁殖具有保持品种优良特性，成形早、见效快、简单易行等优点，但繁殖量小。

（一）分生繁殖方法

1. 分株繁殖

分割自母体发生的根蘖、茎蘖、吸芽、走茎及根茎等另行栽植成一新株。多用于丛生性强的灌木和萌蘖性强的多年生草本花卉。如黄刺玫、玫瑰、珍珠梅、牡丹、棕竹、一叶兰、菊花、吊兰等，均可用此法繁殖。

分株的时期一般为春季开花的于秋季进行分株；而秋季开花的则于春季进行分株。秋季分株应在地上部分已进入休眠，而地下部分仍处于活动阶段进行为好。如牡丹、芍药的分株以9~10月间最好；春季分株应在发芽前进行，如玉簪、八宝等。

分株时，对于丛生性强的灌木，可将母株连根挖起，用利刀或利斧分成几份，略经修剪后，分别栽植（图4-15）。宿根花卉可掘起株丛，震落附土，顺自然分离处分开，使每丛具2~3芽，另行栽植（图4-16）。

2. 分球繁殖

（1）球茎分球法　唐菖蒲等球根花卉，母球栽植后，能产生许多小球，将新生的小球分栽，即可长成大球。

（2）鳞茎分球法　百合、水仙、郁金香等，将母球外围的子鳞茎分离栽培，可长成能开花的大鳞茎。

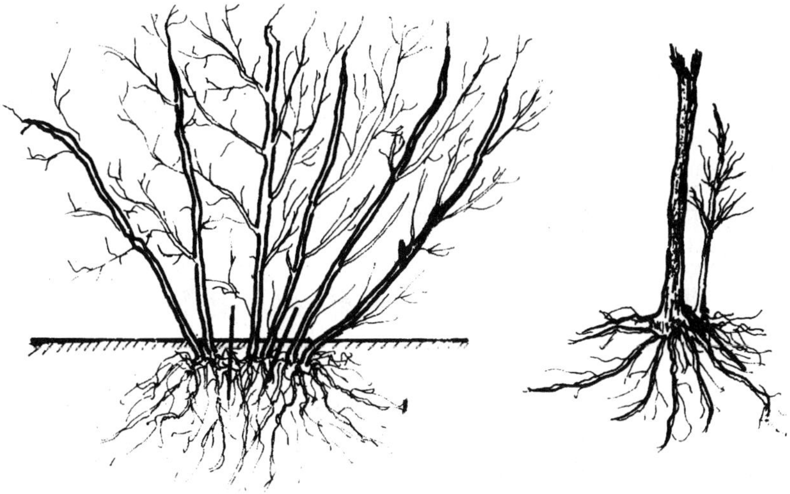

图 4-15　灌木分株

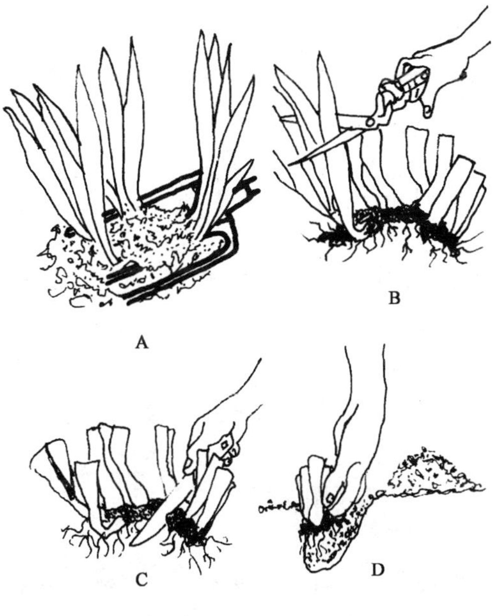

图 4-16　宿根花卉分株

A. 起苗　B. 剪叶　C. 分株　D. 栽苗

（二）分生苗的管理

1. 茎蘖、根蘖

分株苗已有根系，栽植后应注意浇水，保持土壤湿润，经常疏松土壤，以利萌发蘖丛。

2. 块根

块根类应适当晾晒，栽植后土壤不能过湿。

3. 鳞茎

生长较慢，需精细管理，保持土壤湿润，但应防止水分过大，以免烂根、烂球。

四、压条繁殖

压条繁殖是将母株的部分枝条或茎蔓压埋在土中或基质中，待其生根后切离，成为独立新植株的繁殖方法。压条生根过程中，枝条不与母体分离，所需水分、养料均由母体供给。压条繁殖能保存母本的优良特性，操作技术简便，但繁殖量不大。多用于扦插难以生根的植物种类，或一些根蘖丛生的花灌木。落叶阔叶花木适宜早春和秋季进行，常绿花木多在雨季进行。

（一）压条方法

1. 普通压条

选择靠近地面而向外开展的 1～2 年生枝条。压条前先对枝条进行刻伤或环剥处理，以刺激生根。再将枝条弯入土中，使枝条梢端向上。为防止枝条弹出，可在枝条下弯部分压砖石或插入小木杈固定，再盖土压紧，生根后切割分离。绝大多数花灌木、藤本植物都可采用此法。

2. 波状压条

适宜于地锦、常春藤等枝条较长而柔软的蔓性植物。压条时将枝条呈波浪状压埋土中，待地上部分发出新枝，地下部分生根后，再切断相连的波状枝，形成各自独立的新植株（图 4-17）。

3. 堆土压条

主要用于萌蘖性强和丛生性的花灌木，如蜡梅、贴梗海棠、八仙花、无花果等。可于休眠期，将母株近地面 10～20 厘米处行重剪，促使发生大量的新枝。待新枝长到 20 厘米后进行刻伤，在母株基部进行堆土，并进行正常的水肥管理，待枝条基部根系充分生长后切离另植（图 4-18）。

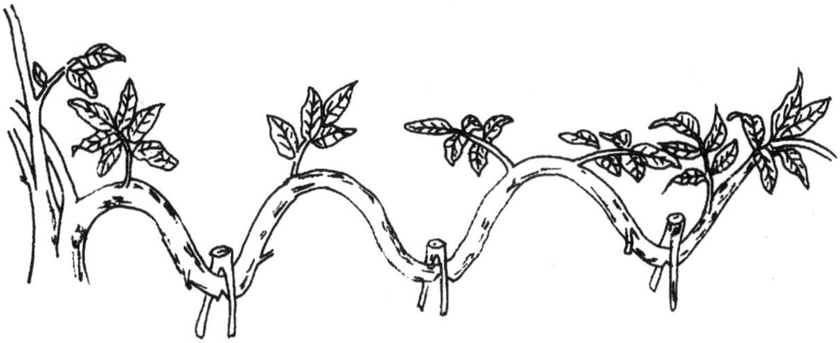

图 4-17　波状压条法

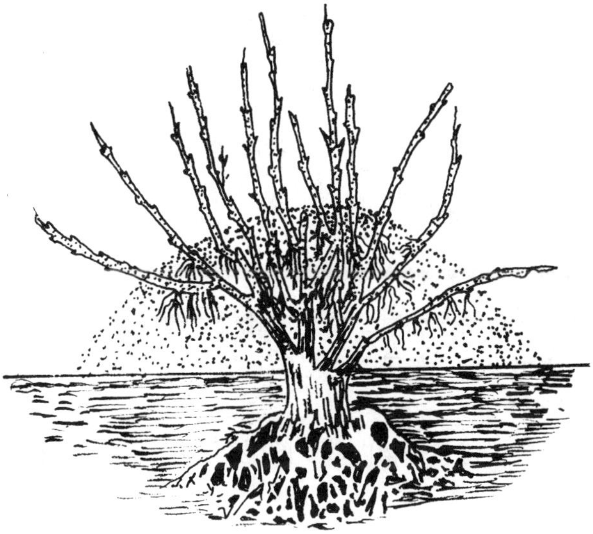

图 4-18　堆土压条法

4. 空中压条

空中压条主要用于枝条坚硬、树身较高、不易产生萌蘖的种类。应选择发育充实的枝条和适当的压条部位。压条方法是在离地较高的枝条上给予刻伤等处理后，包套上竹筒、瓦盆、塑料袋等容器，内装基质，经常保持基质湿润，待其生根后切割下来成为新植株。桂花、山茶、夹竹桃、柑橘、橡皮树、扶桑等均可用此法繁殖（图 4-19）。

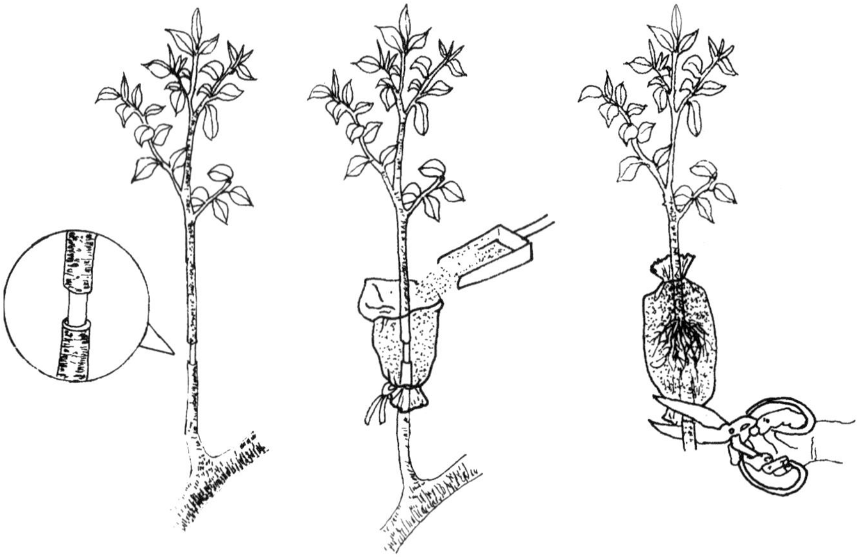

图 4-19　空中压条法

（二）压条苗的管理

1. 土壤管理

在生长期间注意松土除草，使土壤疏松、通气良好，以促进生根。随时检查压条是否露出土壤，如已露出必须重压。

2. 保持湿度

空中压条后应保持包裹物内基质的湿润，以利压条苗的生根。

3. 切离母株

切离母株的时间依其生根快慢而定，当土中压条形成良好根系时，切离母株。有些种类如蜡梅、桂花等需翌年切离；月季等需当年切离。切离之后即可分株栽植，栽植时要尽量带土，以保护新根。

第三节　组织培养

植物组织培养是在无菌环境和人工控制的条件下，将植物的器官、组织和细胞进行离体培养，使其形成完整植株的过程，从而达到快繁和脱毒等目的。用组织培养的方法进行繁殖是一项先进技术，可用极少量的繁殖材料，繁殖大量的植株，并可得到去病毒的壮苗，这在某些花卉的商品生产中已成为极有效的繁殖手段。

一、组织培养繁殖的基本原理

植物组织培养是根据植物细胞具有全能性的理论发展起来的一项新技术。植物体上每个具有完整细胞核的细胞，都具有该植物的全部遗传信息和产生新的完整植株的能力。体细胞一旦脱离原来所在的器官或组织，成为离体状态时，在一定的营养、激素和环境条件的作用下，就表现出全能性，而生长发育成完整的植株。

二、培养基和培养条件

（一）培养基的组成

培养基的成分主要包括无机盐类（大量元素和微量元素）、有机物质（微生素等）、生长调节物质以及碳源等 4 大类。培养基的种类很多，采用哪一种培养基，对于培养是否成功有很大关系，一般常采用 White 培养基、MS 培养基、ER 培养基、B_5 培养基、SH 培养基等。这些培养基中 MS 培养基应用最广泛。ER 培养基与 MS 培养基相似。B_5 培养基在愈伤组织和悬浮培养方面做了不少试验，对有些植物很适合。SH 培养基与 B_5 培养基相似。HE 培养基为欧洲许多实验室所用，但矿物盐浓度稍低，应用范围不广。

（二）组织培养的条件

培养条件，按培养对象的种类不同而有所不同，温度条件一般在 23～26℃左右的恒温条件下。光照条件对器官形成有作用，一般范围是 1000～3000 勒克斯，每日 12～16 小时，高于 3000 勒克斯有强烈抑制作用。培养室要求清洁卫生，减少污染。

三、花卉组织培养的途径

在花卉组织培养实践中，用植物的组织或细胞培养成植株，也就是试管培养，可以通过三条途径。

1. 通过器官发生

通过培养组织，产生芽及根。

2. 通过愈伤组织分化成株

将花卉植物体的一小片组织培养成愈伤组织，再诱导分化成芽和根，成为完整植株。

3. 通过胚状体发生

由培养的植株产生愈伤组织，再通过悬浮培养，或直接产生大量的胚状体，再发育成完整植株。

四、花卉组织培养的操作方法

花卉组织培养的操作可分为培养基配制、消毒灭菌、接种、培养、试管苗移栽等几方面。

第四节　花卉的良种繁育

良种繁育是运用遗传育种的理论和技术，在保持并提高良种种性和生活力的前提下，迅速扩大良种数量，不断提高良种品质的一整套科学的种苗生产技术。园林植物良种繁育是育种和生产之间的桥梁，直接影响到优良品种的推广和应用。

一、良种繁育的主要任务

（一）在保证质量的前提下迅速扩大良种数量

通过各种途径育成的优良品种，最初在数量上是有限的，远远不能满足园林绿化和美化的需求。因此，良种繁育的首要任务就是在较短的时间内繁殖出大量的优良种苗，从而使优良品种迅速得到广泛应用。

（二）保持并不断提高良种性状，恢复已退化的优良品种

优良品种在投入生产以后，常发生种性降低，甚至完全丧失栽培价值。这在一、二年生草本花卉中表现尤为突出，如三色堇、鸡冠花、百日草、雏菊、虞美人等，常在栽培过程中出现花朵变小、颜色暗淡、失去光泽、花形紊乱、高低参差不齐等退化现象。因此，良种繁育的第二个任务就是保持和不断提高品种的优良种性。对于已经退化的良种，要采取一定的措施恢复其优良种性。

（三）保持并不断提高良种生活力

许多自花授粉植物和营养繁殖的良种常发生生活力逐步降低现象，表现为抗性和产量降低。例如，从国外引进的郁金香、风信子、唐菖蒲等球根花卉，在栽培的第一年表现出植株高大、花大、花序长、着花多等优良性状。

但在以后几年的栽培过程中，常常出现植株变矮、花朵变小、花序变短、着花数变少等现象。自花授粉的一、二年草花，如矢车菊、紫罗兰等，也有生长势衰弱、花朵变小、产花量降低等状况。因此，良种繁育的第三个任务就是保持并不断提高良种的生活力，对已发生生活力降低的良种应采取复壮措施，恢复其生活力。

二、良种退化的原因及防止措施

（一）良种退化的原因

1. 机械混杂与生物混杂

机械混杂是在播种、采种、脱粒、晒种、贮藏、调运、育苗等过程中，人为地造成品种种子混杂，从而降低了品种的纯度。随着机械混杂的发生，将会发生生物混杂，使品种间或种间产生一定程度的天然杂交，造成一个品种中混入另一个品种的遗传因素，从而影响后代遗传品质，降低品种纯度和典型性，产生严重的退化现象。

2. 不适宜的栽培环境和栽培技术

良种都直接或间接来自于野生类型，因而会含有野生性状的遗传基因。在良好的栽培条件下，优良性状得到表现，野生不良性状处于隐性状态。但是在栽培技术不当或环境条件不适宜时，处于隐性状态的野生不良性状就会表现出来，代替其优良性状的表现，从而引起良种退化。例如三色堇、雏菊在良好条件下花大、色艳，在不良条件下花小、色暗。菊花、翠菊在不良栽培条件下，会发生重瓣性降低、花瓣变短、变窄等退化现象。

3. 生活力衰退

长期营养繁殖和自花授粉会造成生活力衰退。此外，长期在同一条件下栽培也会引起长势衰退。因此需要进行地区间的品种交流。

（二）防止品种退化的技术措施

1. 建立完整的良种繁育体系和严格的良种繁育制度

良种繁殖所用的种苗，应当由专门的机构生产。在良种繁育过程中，应严格执行良种繁育程序，采取防止良种退化的措施。逐步通过立法保护育种者的权益。建立完善的良种繁育推广体系，做到良种布局合理化、种苗繁育制度化、种苗生产专业化、种苗质量标准化，防止伪劣种苗流入市场，最大限度地发挥良种在生产中的作用。

2. 防止混杂

（1）防止机械混杂　严格遵守良种繁育制度，防止人为的机械混杂，保持良种的纯度和典型性。

种子采收：应有专人负责，根据成熟期分品种采收。采收后立即标记品种名称、采收日期等。采集、调制种子的容器必须干净，晾种时各品种应分别用不同容器，同一类型的种子要间隔较大距离。种子贮藏中应注意分门别类、井然有序，防止标签损坏或遗失。

播种：播种前的选种、催芽等工作必须做到不同品种分别处理，器具干净。播种时选无风天气。播种后插上标牌，做好记录。坚持合理轮作，避免隔年种子萌发而造成混杂。

移植：移植前对所移植品种进行对照检查，核实无误后方可进行。移植时，定人定品种，专人移植。

去杂：在移苗、定植、初花期、盛花期、末花期及品种主要性状明显期，分别进行去杂工作，及时拔除杂株。

（2）防止生物学混杂

空间隔离：采用一定的人工措施，从空间隔断风及昆虫等对花粉的传播，从而防止天然杂交。可设置隔离区，在良种繁殖区周围的一定范围内不种植能使良种天然杂交的植物。也可以设置保护区，在良种种植面积小、数量少的情况下，采用温室、塑料大棚、小拱棚种植，覆盖纱围、塑料薄膜等，防止天然杂交。

时间隔离：分期种植使同一类植物的开花期错开，从而避免天然杂交。

3. 加强选择，去杂去劣

去杂是指去掉非本品种的植株和杂草；去劣是指去掉本品种中感染病虫害、生长不良、观赏性状较差的植株。加强选择是保证良种纯度，防止良种种性退化的有效方法。移植或定植时，可根据品种的性状和相关特性去掉杂苗和劣苗。草花品种在初花期去劣，能有效保持早花性。盛花期花朵的典型性表现最明显，此时选择花型、花色、瓣型等有关性状最有效。

4. 改善栽培条件，提高栽培技术

（1）选择适宜的土壤　土壤的性能要与植物的要求一致，一般应具有良好的土壤结构，酸碱度适宜等。

（2）良好的营养条件　合理施肥，氮、磷、钾比例适当。适当加大株行距，使良种有充足的营养面积，提高种子质量和产量。

（3）合理轮作　合理轮作可以减少病虫害发生，合理利用地力，促进植物生长，还能防止混杂，提高球根花卉生活力。

（4）避免不良砧木的影响　采用嫁接方法繁殖良种，一般选用1～2年生实生苗作砧木，接穗、插条也要选择幼年阶段的材料。

5. 提高良种的生活力

（1）改变生活环境　良种长期在同一地区的条件下生长，某些不利因素会导致其优良性状退化。通过改变播种期或异地栽培可提高良种的生活力。此外，低温锻炼幼苗以及对萌发的种子进行干燥处理等，都能在一定程度上提高良种的抗逆性和生活力。

（2）人工辅助授粉和杂交　人工补足天然授粉的不足以保证花粉供应和扩大选择授粉的范围，一般在同品种内进行。当母体的性细胞选择了生活力强的雄细胞结合后，可使后代生活力大大加强。

在保持品种性状一致性的条件下，利用有性杂交能增加植物内部矛盾，提高生活力。在品种间选择具有杂种优势者进行组合，通过品种间杂交，可利用杂种1代的优势提早开花期，提高生活力，增进品质和抗性。植物品种间杂交可促使植物产生变异，从中选择新品种，代替或更换退化了的旧品种，这是防止品种退化、提高种性的最根本、最有效的方法。

所谓杂种优势利用，是指生产上只利用杂交种的第1代（F_1），它具有生长旺盛，性状一致等优点。其后代（杂种第2代，3代……）由于性状分离，生长势减退，就不能再利用了。目前先进花卉生产国的一、二年生草花种子有不少是杂种1代，如四季秋海棠、矮牵牛、三色堇、天竺葵等，市场上都以杂种1代的种子出售。杂种1代的生产具有极大的经济效益，生产种子的单位对它创造的杂种组合具有专利权，人们只能买到它所生产的杂种1代的种子，而无法买到亲本纯系。因为杂种1代生产的杂种2代是分离的，混杂而无用的，所以人们只能年年向该生产单位购买他们所需要的杂种1代种子。

6. 脱毒处理

许多园林植物容易感染病毒，从而引起退化。特别是以营养繁殖为主要繁殖手段的花卉，如大丽花、菊花、香石竹、百合、唐菖蒲、郁金香等。对这些植物进行脱毒处理，可恢复其良种特性，提高生活力。脱毒处理的主要方法是利用茎尖组织培养。

总之，引起良种退化的原因是多方面的，同时，各因素之间又是相互联系、相互转化的。所以，防止良种退化，既要有针对性，还必须采取综合措施才能收到较好的效果。

三、加速良种繁育的方法

（一）提高种子的繁殖系数

应适当增加株行距，扩大单株营养面积，增施肥料，促使植株生长健壮，以产生更多的种子。对植株摘心以增加分枝，增加花序数量，从而提高种子产量。创造有利的环境条件，适当早播，延长营养生长期，提高单株产量。对多数自花授粉植物和异花授粉植物进行人工授粉，可显著提高种子产量。对于落花、落果严重的植物，采取花期喷硼、赤霉素，花期控制肥水、控制生长过旺等措施，可提高座果率。

（二）提高自然营养繁殖器官的繁殖系数

一些园林植物的鳞茎、球茎、块茎、块根、根茎等，有自然增殖的功能。在良种繁育中，可充分利用这一功能，加速繁殖。如观赏百合的鳞片扦插，风信子、朱顶红的刻伤处理等，都是促进营养器官快速繁殖的实用技术。

（三）提高一般营养繁殖器官的繁殖系数

许多植物的营养器官（根、茎、叶、芽等），都有较强的再生能力，能够用人工方法进行繁殖。有的植物可采用单芽嫁接或扦插的方法繁殖，节约繁殖材料，扩大繁殖系数。

（四）延长繁殖时间

在自然条件下，园林植物的无性繁殖时间为春末到秋初。为提高繁殖系数，可创造良好的条件，延长繁殖时间，如在温室、大棚内全年进行营养繁殖。

（五）采用高新技术

随着科学技术的发展，越来越多的高新技术应用于种苗繁育领域，从而促进了种苗繁育的工厂化、商品化和产业化。如计算机控制的大型自动化育苗生产线，用计算机控制育苗过程中的温度、湿度、光照、水分、营养等因素，使种苗繁殖效率大大提高。采用组织培养繁育种苗也是高新技术应用于种苗繁育的例证之一。在人工控制的无菌室内大量繁殖苗木，不仅繁殖速度快，繁殖系数高，还可对苗木进行脱毒处理，使种苗质量大大提高。

模拟测试题

一、名词解释

1. 净种　　2. 穴盘育苗　　3. 亲和力　　4. 分生繁殖

5. 良种繁育

二、填空题

1. 专业生产的花卉种子产品主要有________、________、________、________、________等类型。

2. 种子成熟包括________成熟和________成熟两个过程。

3. 种子的调制主要包括________、________、________、________等步骤。

4. 种子贮藏的原则是抑制________作用，减少________消耗，保持________。

5. 扦插苗的管理应重视抓好________、________、________、________等。

6. 用于嫁接的枝或芽称________或________，承受接穗的带根植株称为________，接活后的苗称________。

7. 枝接主要有________、________、________等方法。

8. 分株的时期一般为春季开花的于________进行，秋季开花的则于________进行分株。

9. 培养基的成分主要包括________、________、________以及________4大类。

10. 花卉组织培养操作可分为________、________、________、________、________等几个方面。

三、判断题

1. 优质种子应该是种性纯、颗粒饱满、形态正、成熟而新鲜的种子。（　　）

2. 一些花卉的种子为陆续成熟，应在全部成熟后一次性采收。（　　）

3. 采种期主要根据种实成熟期、脱落期、脱落方式等来确定。（　　）

4. 插穗长而粗的比短而细的含养分及水分多，有利于生根和幼苗的生

长。因此，扦插时选用的插穗越长越粗越好。 (　　)

5. 扦插苗要求地温比气温高 3~5℃，则更利于生根。 (　　)

6. 仙人掌植物的插穗剪取后应立即扦插，以防水分丧失。 (　　)

7. 凡叶片肥厚的植物，均可叶插繁殖。 (　　)

8. 叶片直插时应将叶片插入基质。 (　　)

9. 砧木和接穗间的亲和力是嫁接能否成功的重要因素。 (　　)

10. 枝接在嫁接成活后应及时解除绑扎物。 (　　)

11. 芽接后，若接芽新鲜，叶柄一触即落即为成活。 (　　)

12. 空中压条主要用于枝条坚硬、树身较高、不易产生萌蘖的种类。 (　　)

四、选择题

1. 下列__________方法不是营养繁殖。

A. 扦插　B. 压条　C. 嫁接　D. 孢子

2. 全光照扦插技术需要的基本设施有__________。

A. 扦插床　B. 喷雾装置

C. 温、光调节装置　D. A、B 和 C

3. 药剂促进生根方法的主要成分组成是__________。

A. 生根激素　B. 生长激素

C. 杀菌剂（防腐剂）　D. A 和 C

4. 组织培养的原理是__________。

A. 植物细胞的全能性　B. 植物体内有分生能力

C. 植物体内有再生能力　D. 植物体内有繁殖能力

5. 组织培养技术中培养基的成分主要包括__________4 大类。

A. 无机盐类、有机物质、生长调节物质、碳源

B. 大量元素、微量元素、生长激素、生根激素

C. MS、White、SH、ER

D. 液体培养基、固体培养基、发芽培养基、生根培养基

五、简答题

1. 为什么要采集形态成熟的种子？

2. 露地播种如何掌握播种深度？

3. 室内盆播应掌握哪些技术要领？

4. 穴盘育苗的技术要点是什么？

5. 硬枝扦插如何剪取插穗？

6. 橡皮树如何进行叶插？

7. 全光照苗床为何能自动喷雾？

8. 叙述“T”字型芽接的操作过程？

9. 组织培养繁殖的基本原理是什么？

10. 防止品种退化的技术措施有哪些？

模拟测试题答案

一、名词解释

1. 净种：清除种子中的各类夹杂物，以提高种子纯度，有利于贮藏和播种。

2. 穴盘育苗：在多孔育苗盘的小孔中盛装泥炭和蛭石等混合基质进行播种育苗。

3. 亲和力：砧木和接穗之间在生理生化、形态解剖等方面相近或相同的程度，以及嫁接成活后，生长发育为一个健壮植株的潜在能力。

4. 分生繁殖：利用植物的分生能力，对于丛生、萌蘖性强及球根类的园林植物进行分离栽植以繁殖新个体的方法。

5. 良种繁育：运用遗传育种的理论和技术，在保持并提高良种种性和生活力的前提下，迅速扩大良种数量，不断提高良种品质的一整套科学的种苗生产技术。

二、填空题

1. 原型种子、整洁型种子、丸粒型种子、经催芽处理的种子、包衣型种子

2. 生理，形态

3. 脱粒、净种、干燥、分级

4. 呼吸，养分，活力

5. 湿度、温度、通风、光照

6. 接穗，接芽，砧木，嫁接苗

7. 切接、劈接、靠接

8. 秋季，春季

9. 无机盐类、有机物质、生长调节物质、碳源

10. 培养基配制、消毒灭菌、接种、培养、试管苗移栽

三、判断题

1. √　2. ×　3. √　4. ×　5. √　6. ×　7. ×　8. ×

9. √　10. ×　11. √　12. √

四、选择题

1. D　　2. D　　3. D　　4. A　　5. A

五、简答题

1. 答：形态成熟的种子含水量降低，种皮坚硬致密，种仁饱满，具有一定的光泽和色泽，呼吸作用微弱，开始进入休眠状态，容易贮藏。种子播后出苗整齐，生长势旺盛。故生产上一般在形态成熟时采集种子。

2. 答：覆土厚度需视种粒大小、土质、气候而定。一般覆土厚度为种子直径的2～3倍。大粒种子覆土宜厚，小粒种子覆土易薄。黏质土壤宜浅播，砂质土壤宜深播。干旱季节播种宜深，多雨季节播种宜浅。

3. 答：小粒种子掺细土后撒播，大粒种子点播。播种不可过密，否则幼苗细弱。播后用细筛覆土，极细小的种子覆土极薄或不覆土。盆播浇水多采用浸盆法。浸盆后用玻璃覆盖盆口保温保湿。置于温暖通风，无阳光直射处。

4. 答：(1) 穴盘中的孔穴有利于植物根系迅速而充分地发育。孔穴可大可小。(2) 专业化的育苗基质，不同的花卉采用不同的穴盘育苗基质。(3) 具精致的栽培技术。

5. 答：插条应在花木落叶后或开始落叶时，从生长健壮、品种优良的幼龄母株上剪取，枝条选组织充实、充分木质化的1～2年生枝。剪取插穗应选取插条的中间部位，插穗长度以15～20厘米为宜。插穗应粗壮、充实、芽饱满。每根插穗上应带3～4个芽，上剪口距芽1厘米，下剪口距最下面芽1厘米或靠近节间处。切口应平滑，不能撕裂，剪口的形状可以平口或斜口。

6. 答：切取橡皮树的叶片，叶基部带一腋芽，插于小盆或木箱中，为防止插穗动摇可将叶片卷合扎起，中穿小枝、竹片等作支柱固定。

7. 答：全光照苗床能够自动喷雾，关键在于电子叶输送的信号。

8. 答：将选作接穗枝条上的叶片剪掉仅留叶柄，选好接芽，在接芽上方0.3～0.5厘米处横切一刀，深入木质部0.1厘米左右，再把刀从接芽下方0.6～1.0厘米处用力深达木质部向上推削，至接芽上方的切口为止，芽片成盾形，连同叶柄一起取下，并保湿。在砧木离地面5～10厘米处的一侧横切一刀，深及木质部，再从切口中间向下纵切一刀，长约3厘米，使成“T”字形。轻轻把皮剥开，将盾形接穗芽片插入“T”字口内，并使接穗上方的横切口与砧木上方的平切口处紧密对合。最后用塑料膜带扎紧，注意要露出芽及叶柄。

9. 答：植物体上每个具有完整细胞核的细胞，都具有该植物的全部遗传信息和产生新的完整植株的能力。体细胞一旦脱离原来所在的器官或组织，成为离体状态时，在一定的营养、激素和环境条件的作用下，就表现出全能性，而生长发育成完整的植株。

10. 答：(1) 建立完整的良种繁育体系和严格的良种繁育制度；(2) 防止混杂；(3) 去杂去劣；(4) 改善栽培条件，提高栽培技术；(5) 提高良种的生活力；(6) 脱毒处理。

第五章

花卉的栽培管理

本章提要：介绍花卉栽培管理的基础知识和技术要点。

学习目的：掌握花卉栽培管理的基本理论，提高实践工作技能。

第一节　露地花卉的栽培管理

露地花卉是指主要生长发育时期能在当地的自然条件下露地栽培的花卉。由于我国地域辽阔，花卉种类繁多，有些在南方为露地花卉，但引栽到北方后就作为温室花卉栽培，因此，露地花卉的种类也因地而异。

一、一、二年生花卉的栽培管理

一、二年花卉是草本花卉，均可以用种子繁殖。其繁殖系数大，从播种到开花生长迅速，花期集中在春、秋两季，采收种子后植株死亡。因此，一、二年生花卉的栽培方法大致相同，但根据其产地、习性，可将其分为春播与秋播两大类。以下是主要的栽培管理工作。

（一）间苗

又称疏苗。幼苗出土后出现密生拥挤时，将过密小苗进行疏拔，以扩大幼苗间的距离，利于通风、光照，促使幼苗生长健壮。

间苗时应去密留稀，去弱留壮，使幼苗之间有一定的距离，分布均匀。间苗应分 2 ~ 3 次进行，每次间苗量不宜大，最后一次间苗称定苗。间苗时应同时拔除杂草和异苗。间苗后需对畦（床）面进行一次浇水，使幼苗根系与土壤密接。

（二）移植与定植

1. 移植

幼苗经定苗后，还需分栽一、二次，这就是移植。移植的主要作用是：

增加幼苗的营养面积，改善群体通风透光条件，促使幼苗生长健壮；移植时切断主根，可促使侧根发生，再移植时易成活；移植有抑制生长的效果，使幼苗株形紧凑，观赏效果好。

移植可分为裸根移植和带土移植。裸根移植主要用于小苗和易成活的大苗。带土移植主要用于难以缓苗的大苗。移植时间应在幼苗水分蒸腾量最低时进行，在无风的阴天或晴天的傍晚移植较为理想。

移植的具体方法是：

（1）起苗　起苗应在土壤湿润条件下进行，避免掘苗时根系受伤。如果土壤干燥，应在起苗前一天充分灌水。裸根移植时，用手铲将苗带土掘起，将根群附着的土轻轻抖落，注意不要把细根拉断或使其受伤，然后立即进行栽植。带土移植时，先用手铲将四周表土铲开，然后从侧下方将苗掘起，尽量保持土团完整。

（2）栽植　地栽可分为沟植和穴植。沟植是按一定的行距开沟栽植，穴植是按一定的株行距掘穴或用移植器打孔栽植。裸根苗栽植时，应将根系舒展在穴中，防止根系卷曲。为使根系与土壤充分接触，覆土时用手将土稍加按压。带土团苗栽植时，在土团的四周填土并按压，按压时，防止将土团压碎。栽植深度应与移植前的深度相同。栽植的株行距依花卉种类而异，生长快者宜稀，生长慢者宜密；株形扩张者宜稀，株形紧凑者宜密。栽植完毕充分灌水。移植后数日内应遮荫，以利恢复生长。

2. 定植

幼苗栽植后不再移植，称为定植。起苗和栽植的方法同移植，但一般为带土栽植，栽后应充分灌水。

定植前，可根据花卉的需要施基肥。定植时，苗间的株行距视栽植地的土壤条件和花苗冠幅的大小或配植要求而定，使到达成龄花株的冠幅互相衔接又不挤压。

（三）水肥管理

1. 灌溉与排水

一、二年生花卉多为浅根性，因此不耐干旱，应适当多灌溉，以免缺水造成萎蔫。

灌溉方法因花株大小而异。播种出土的幼苗，一般采用漫灌法，使耕作层吸足水分，也可用细孔喷水壶浇灌，要避免水的冲击力过大，冲倒苗株或溅起泥浆玷污叶片。对夏季花坛的灌溉，有条件可采用漫灌法，也可用胶管、塑料管引水浇灌。大面积圃地、园地的灌溉，需用灌溉机械进行沟灌、漫灌、喷灌或滴灌。

灌水次数往往根据季节、天气、土质和花卉本身生长状况来决定。一般在春、夏季干旱时期，应灌水多次。同一种花卉不同的生长发育阶段，对水分的需求量也不同。花卉枝叶生长盛期，需较多的水分；开花期，应保持园地湿润；结实期可少浇水。

灌溉时间因季节而异。夏季为防止因灌溉而引起土壤温度骤降，伤害苗木的根系，常在早晚进行。春秋季视天气和气温的高低选择中午或早晚。

根系在生长期，不断地与外界进行物质交换，也在进行呼吸作用。如果栽植地积水，则土壤不通气、缺氧，根系的呼吸作用受阻而窒息死亡。所以，圃地、园地排水要通畅，尤其在雨季，力求做到雨停即干。

2. 施肥

一、二年生花卉生育期短，植株比较矮小，对肥料的需求量相对较少。生产实践中，为减少栽培过程中追肥的次数，特别是为了改良土壤，一般也施用基肥。基肥多选用腐熟的有机肥，一些无机肥料也可以作为基肥，如过磷酸钙、硝酸铵等。

栽培过程中，为补充基肥的不足，满足花卉不同生长发育时期对营养的需求，还需进行追肥。一、二年生草本花卉在幼苗时期的追肥，主要目的是促进茎叶的生长，氮肥成分可多一些。在以后的生长期间，应逐渐增加磷、钾肥的比例。栽培土壤肥力较差或生长期长的花卉，追肥次数应多一些。施肥前要先松土，以利根系吸收。不要在中午前后或有风的时候施追肥，以免伤及植株。施追肥时肥液浓度要小，掌握“薄肥勤施”的原则。

（四）整形修剪

整形是整理花卉全株的外形和骨架，通过美化造型同时达到调节花卉生长发育的目的。修剪是对花卉植株之局部或某一器官的具体剪理措施，也是调节生长和发育的步骤。一、二年生花卉常用的措施是摘心。

摘心是指摘除正在生长中的嫩枝顶端。摘心可以促使侧枝萌发，增加开花枝数，使植株矮化，株形圆整，开花整齐。也有抑制生长，推迟开花的作用。

一、二年生花卉中，常需要进行摘心的花卉有一串红、百日草、翠菊、金鱼草、福禄考、矮牵牛、桂竹香等。但对以下几种情况不应摘心，如植株矮小，分枝又多的三色堇、雏菊、石竹、虞美人等，主茎上着花多且朵大的凤仙花、鸡冠花等，以及要求尽早开花的花卉。

（五）中耕除草

中耕能疏松表土，为根系的生长和养分的吸收创造良好的条件。在中耕的同时可除去杂草，但除草不能代替中耕，雨后或灌溉后没有杂草也要进行中耕。

移植后，由于幼苗体量尚小，大部分土面暴露在空气中，土面极易干燥，也易生杂草，这时要及时进行中耕。幼苗渐大后，枝叶覆盖地面，有利于抑制杂草的生长，这时根系已扩展于株间，要减少中耕次数或停止中耕，以免过多损伤根系，影响植株生长。

中耕深度要根据花卉种类及生长时期来定。根系分布浅的花卉要浅耕，反之要深耕；幼苗期要浅耕，以后随着植株的生长逐渐加深。中耕时株行中间处要深耕，接近植株处要浅耕。中耕深度一般为 3 ~5 厘米。

除草可以减少土壤中养分、水分的消耗，也有助于控制病虫害的发生，有利于植株的生长发育。地面覆盖可以防止杂草发生，也能起到中耕的效果。常用的覆盖材料有腐殖土、泥炭土等，用塑料薄膜覆盖不但能抑制杂草的生长，还可以提高土温。

（六）防寒越冬

露地草本花卉中的二年生花卉，必须采取防寒措施才能安全越冬。一般均在入冬前移至冷室，翌春 3 月再移植于露地。一些耐寒性较强的二年生花卉也可采用灌冻水、设风障及覆盖等防寒方法。

二、宿根花卉的栽培管理

宿根花卉为多年生草花，均以无性繁殖为主，普遍采用的是分株法。但为育成新品种或得到大量植株，播种法仍有采用的价值。它们在整地、做畦、间苗、移植、肥水管理等方面与一、二年生花卉基本相同，但由于其自身的特点，在栽培管理方面仍需注意以下几方面。

（一）种植

宿根花卉的地下部分通常具有较粗壮的肉质主根，并能深入地下，根系发育的好坏与土壤条件关系密切。栽植地应选择排水良好之处，下层土以混砾土最为理想。栽植前应深翻土壤，苗床以 30 厘米左右即可，露地栽植要求深耕土壤 40 ~50 厘米。新垦地最好先进行一般的深耕，适量施用有机肥、草木灰或先栽别的花木，待土壤熟化后再栽宿根花卉。栽植时应根据植株和根系大小挖适当的栽植穴，并在其中施足有机质肥料。栽植的深浅应适当，过深则生长不良。栽植密度依种类、功能而定，一般取其群体观赏效果，以密植一些为好。栽植后要及时浇透水，水渗入土壤后，覆平表土。

（二）生长期的管理

定植后，要使其生长茂盛，花多花大，最好在春季新芽抽出时施以追肥，花前、花后可再追肥一次。秋季叶枯时可围绕根周掘沟施以腐熟厩肥或堆肥。宿根花卉抗旱及适应不良环境的能力较强，浇水次数可少于一、二年生花卉，但在其早春返青前、旺盛生长期或气候十分干燥时仍需供给充足的水分。雨季要注意及时排水，防止涝害。11 月份上冻前，均需浇足冻水。

宿根花卉整形修剪常用措施有：摘心，如早小菊、荷兰菊、芝麻花等摘心后可促使枝条充实，株形矮化，花繁叶茂，适时开花，且不易倒伏。除芽，如菊花栽培时要及时除去过多的腋芽，控制分枝数和开花数，使所留的花朵发育充分，花大色艳。剥蕾，如剥除芍药、菊花多余的花蕾，控制花朵数量，保证所留花蕾正常开花。修剪，如石竹、黑心菊、石碱花、松果菊等，花后剪去地上部分的 2/3，可使二次开花。此外，花后及时剪除残花，以减少养分过多消耗。

露地宿根花卉一般均可露地越冬，对于耐寒性稍差的种类，可采用培土法或覆盖法保护越冬。

三、球根花卉的栽培管理

球根花卉亦为多年生草花，均以分球繁殖为主。开花艳丽，性质强健，能适合园林上多方面的用途。栽培管理方面应做好以下工作。

（一）栽植

球根花卉对土壤要求较严，大多数的球根花卉喜富含有机质的砂壤土或壤土，尤以下层土为排水良好的砂砾土，而表土为深厚的砂质壤土最理想。也有些花卉如晚香玉、水仙、葱兰、石蒜等，则以黏质壤土为佳。整地深度可为 30 ~ 40 厘米，并通过施用有机肥料、掺和其他基质材料，以改善土壤结构。磷肥对球根的充实及开花极为重要，可常用骨粉配合作基肥。钾肥需量中等，氮肥不宜多施。有机肥必须充分腐熟，否则招致球根腐烂。

球根体量较大或数量较少时，可进行穴栽；球小而量多时，可开沟栽植。栽植穴或栽植沟的底部要平整，且不能过于狭窄，以免种球底部悬空而影响发根。床土在整地后要适当镇压，防止栽后下陷。如果需要在栽植穴或沟中施基肥，要适当加大穴或沟的深度，撒入基肥后覆盖一层园土，然后栽植球根。

球根栽植的深度因土质、栽培目的及种类不同而有差异，一般为球根高的3倍。但晚香玉、葱兰以覆土至球根顶部为适；而百合多数种类要求深度为球高的4倍或过之。栽植的株行距依球根种类及植株大小而异，一般大丽花为60～100厘米，风信子、水仙为20～30厘米，葱兰为5～8厘米。栽植时应分离小球，以免分散养分而开花不良，最好大、小球分开栽植。

（二）生长期的管理

球根花卉种植初期，一般不需浇水。生育期间，土壤中必须有适当的水分。秋植球根如果秋季干旱会影响根部的生长；春植球根如夏季干旱，对生长与开花都会有很大的影响。大丽花及唐菖蒲如土壤过干往往不能正常开花，故需进行适当的灌水。球根花卉大多不耐水涝，应注意排水工作。

球根花卉大多根少而脆，断后不能再生新根，因此栽后于生长期间不宜移植。其叶片大多数少或有定数，栽培中应注意保护，避免损伤，否则影响养分的合成，不利于新球的生长，也影响开花和观赏。花后正值新球成熟、充实之际，为了节省养分使球长好，应及时剪除残花，不让结实。大丽花等少数几种花卉，根据需要应进行除芽、剥蕾等修剪。以收获种球为主要目的栽培，应及时摘除花蕾以节省养分，保证球根迅速肥大且充实。

（三）球根的采收和贮藏

春植球根在寒地为防止冬季冻害，常于秋季采收贮藏越冬。秋植球根夏季休眠时采收贮藏。

采收要在生长停止、茎叶枯黄未脱落时进行。过早采收，养分尚未充分积聚于球根，球根不够充实；过晚采收则茎叶脱落，不易确定球根在土壤中的位置，采收时球根易受损伤，子球容易散失。采收时土壤要适度湿润，挖出种球，剔除附土，阴干后贮藏。唐菖蒲、晚香玉等翻晒数天让其充分干燥。大丽花、美人蕉等阴干到外皮干燥即可，以防止过分干燥而使球根表面皱缩。秋植球根在夏季采收后，不宜放在烈日下暴晒。

球根的贮藏方法因球根种类而不同。对于通风要求不高，需保持一定湿度的球根种类如大丽花、美人蕉等，可采用埋藏或堆藏法。量少时可用盆、箱装，量大时堆放在室内或窖藏。贮藏前要除去种球上的附土和杂物，剔除病残球根。贮藏时，球根间填充干沙、锯末等。对要求通风良好、充分干燥的球根，如唐菖蒲、郁金香等，可在室内设架摊放球根。少量球根可放在浅箱、竹篮或网袋中，置于背阳通风处贮藏。

球根贮藏所要求的环境条件也因球根种类而不同。春植球根冬季贮藏，室温应保持在4～5℃，不能低于0℃或高于10℃。秋植球根夏季贮藏时，首要的问题是保持贮藏环境的高燥和凉爽，切忌闷热和潮湿。在贮藏过程中，必须防止鼠害及球根病虫害的传播，应经常检查。

四、木本花卉的栽培管理

（一）木本花卉的性状分类

木本花卉包括落叶木本花卉和常绿木本花卉两类。

1. 落叶木本花卉

（1）落叶乔木　地上有明显的主干，主枝从主干上发出，植株直立高大。如梅花、玉兰、樱花、山桃、海棠花等。

（2）落叶灌木　地上部分无明显的主干和主枝，多呈丛状生长。如月季、牡丹、迎春、玫瑰、紫藤、蜡梅等。

（3）落叶藤本　地上部不能直立生长、茎蔓攀援或依附在其他物体上。如紫藤、凌霄、蔷薇、木香等。

2. 常绿木本花卉

大多原产于热带和亚热带地区，也有一小部分原产于暖温带，呈半常绿状态。在长江流域以北地区多作温室栽培。

（二）木本花卉的栽培管理

1. 木本花卉的栽植

（1）栽植时期　落叶木本花卉最适宜的移植和定植时期，应选在适合根系再生和枝叶蒸腾量最小的时期。一般以秋末进入休眠期至土壤结冻前，以及萌芽前花木刚开始生命活动的时候。这两个时期植株对水分和养分的需要量不大，容易得到满足。树体内还储存有大量的营养物质，又有一定的生命活动能力，有利于伤口的愈合和新根的再生，栽植一般成活率最高。

（2）栽植前的准备　大多数木本花卉的栽植过程要经过起苗、运输、定植、栽后管理4大环节。每一个环节必须进行周密的保护和及时处理，才能防止被移植的苗木失水过多。4个环节应密切配合，尽量缩短时间，最好是随起、随运、随栽，及时管理。应按操作规范起苗，防止伤根过多，尽量减少大根劈裂。除肉质根花木如牡丹等，因含水多，根易脆断而不易愈合，应适当晾晒外，其他花木起苗后到定植前，最重要的是保持根部湿润，避免风吹日晒。苗木长途运输时，应采取根部保湿措施。

（3）栽植 裸根苗栽植时，先在穴底填些表土，堆成小丘状，放苗入穴，比试根幅与穴的大小和深浅是否合适，并进行适当调整和修理。栽植时，一人扶正苗木，一人负责填土。待填土到一定程度时将苗木轻轻提拉到深度合适为止，并保持树身直立不得歪斜，使根自然向下舒展，捣实或踩实，继续填满后，再捣实或踩实，使填的土与原根颈痕相平或略高 3～5 厘米。穴外缘筑灌水堰，对密度较大的丛植地可按片筑堰。带土球苗栽植时，先测量或目测已挖树穴的深度与土球高度是否一致，对树穴作适当填挖调整后，再放苗入穴。在土球四周下部垫入少量的土，使植株稳定，然后剪开包装材料，将不易腐烂的材料一律取出。为防止栽后灌水土塌株斜，填土一半时将土球四周捣实，再填至满穴并捣实，筑好灌水堰。

（4）栽后管理 水是保证花木种植成活的重要条件，定植后必须连续浇灌几次水，尤其是气候干旱、蒸发量大的北方地区更为重要。栽后应立即灌水，水一定要浇透，使土壤吸足水分，有助于根系与土壤的密接，成活率高。北方干旱地区，在少雨季节栽植花木，应间隔 3～5 天连浇 3 遍水。浇水时应防止冲垮土堰，每次浇水渗入后，应将歪斜苗木扶正，并对塌陷处填实土壤。第 3 遍水渗入后，单株浇水的应将树堰埋平，即将围堰土埂平整覆盖在植株根际周围。封堰土堆应稍高于地面。秋季植树应在树基部堆成10～30 厘米高的土堆，以保持土壤水分，并保护苗根，防止风吹摇动，以利成活。

定植花木一般都加以修剪，定植后还要对受伤枝条和栽前修剪不够理想的枝条进行复剪。

2. 木本花卉的养护管理

（1）灌溉与排水 灌水时期由花木在一年中各个时期对水分的要求、气候特点和土壤水分的变化规律等决定，除定植时要浇大量的定根水外，大体上可以分为休眠期灌水和生长期灌水两种。

休眠期灌水于秋冬和早春进行。秋末或冬初的灌水（北京为 11 月上、中旬）一般称为灌“冻水”。冬季结冻，放出潜热可提高树木越冬能力，并可防止早春干旱，故在北方地区，这次灌水是不可缺少的。早春灌水，不但有利于新梢和叶片的生长，并且有利于开花与坐果，是花繁果茂的一个关键。

生长期灌水分为花前灌水、花后灌水和花芽分化期灌水。花前灌水可在萌芽后结合花前追肥进行；花后灌水可促进新梢生长，入夏后是花木生长旺盛期，大量的干物质在此时形成，更应勤灌溉；花芽分化期灌水可在新梢停止生长前进行，可促进春梢生长而抑制秋梢生长，有利花芽分化及果实发育。

从排水角度来看，也要根据花木的生态习性，忍耐水涝的能力决定。如玉兰、梅花等在北方均为名贵花木中耐水力最弱的，若遇水涝淹没地表，必须尽快排出积水。

（2）施肥　早春开花的乔灌木，如碧桃、迎春、连翘等，休眠期施肥，对花芽的萌发，花朵绽开，无疑有重要的作用。花后是枝叶生长盛期，及时施入以氮为主的肥料，可促使花灌木枝叶形成，为开花结果打下基础。在枝叶生长缓慢，花芽形成期，则改施以磷为主的肥料。也就是说观花植物应施花前和花后肥，可收到事半功倍的效果。

一年中可多次抽梢、多次开花的灌木，如月季、紫薇等，每次开花后及时补充因抽梢、开花而消耗的养分，才能使苗木长期保持不断抽枝和开花，避免因消耗太大而早衰。一般花后立即施入含氮、磷为主的肥料，既促枝叶，又促花芽形成和开花。如只施氮肥，则枝叶茂密，梢顶不易开花。

施肥可采用土壤施肥或追肥的方法。土壤施肥即将肥料施在土壤中，由根系吸收利用。施肥深度由根系分布层的深浅而定，根系分布的深浅因花木品种而异。一般土壤施肥深度应在20～50厘米左右。可采用环状沟施、放射状沟施及穴施等法。施追肥可以采用根施法或根外施肥。

（3）整形修剪　修剪有广义和狭义之分。狭义的修剪是指对木本花卉某些器官（枝、叶、花、果等），加以疏删短截，以达到调节生长、开花结实的目的。广义修剪包括整形，所谓“整形”是指用剪、锯、捆绑、扎等手段，使花木长成栽培者所希望的特定形状。二者合称“整形修剪”。

园林花木修剪具有美化树形、协调比例、调整树势、增加开花结果量、改善通风透光条件等作用。

对园林花木的整形修剪工作，随时都可进行，如抹芽、摘心、除蘖、剪枝等。绝大多数种类以冬季和夏季整形修剪为主。木本花卉从落叶开始至春季萌发前修剪称为冬季修剪或休眠期修剪。这段时期内花木生长停滞，树体内养料大部分回归根部，修剪后营养损失最少。且修剪的伤口不易被细菌感染腐烂，对花木生长影响较小。冬季严寒的北方地区，修剪后伤口易受冻害，早春修剪为宜，但不应过晚。宜于花木根系旺盛活动之前，营养物质尚未由根部向上输送时进行，可减少养分的损失，对花芽、叶芽的萌发影响不大。冬季修剪对观赏花木树冠的构成，枝梢的生长，花果枝的形成等有重要影响，因此进行修剪时要考虑到树龄。通常对幼树的修剪以整形为主。对花果树则着重于培养构成树形的主干、主枝等骨干枝，以早日成形，提早开花结果。夏季修剪在生长季节进行，故也称为生长期修剪。生长期修剪，要剪去大量枝叶，对花果树的外形有一定影响，故宜尽量从轻，主要控制竞争枝、内膛枝、直立枝、徒长枝的发生和长势，以集中营养供主要骨干枝的旺盛生长之需。

观赏花木的修剪种类，只有疏删与短截两种。疏删修剪又称疏剪，即将枝条自分生处（枝条基部）剪去。疏剪可调节枝条均匀分布，加大空间，改善通风透光条件，有利于树冠内部枝条生长发育，有利于花芽分化。疏剪的对象主要是病虫枝、伤残枝、内膛密生枝、干枯枝、并生枝、过密的交叉枝、下垂枝等（图5-1）。疏剪强度可分为轻疏、中疏、重疏，依花木种类、长势、树龄而定。萌芽力强、成枝力弱的或萌芽力成枝力都弱的种类，少疏枝；萌芽力、成枝力强的种类，可多疏。幼树宜轻疏，以促进树冠迅速扩大，花灌木类则可提早形成花芽开花。成年植株生长与开花进入盛期，枝条多，为调节生长与生殖关系，促进年年有花或结果，适当中疏。衰老期花木，发枝力弱，为保持有足够的枝条组成树冠，只能疏去必须要疏除的枝条。短截修剪又称截，即将一年生枝剪去一部分的修剪方法。其主要是刺激侧芽萌发，抽发新梢，增加枝条数量，多发叶、多开花（图5-2）。短截程度影响到枝条的生长，短截程度越重，对单枝的生长量刺激越大。

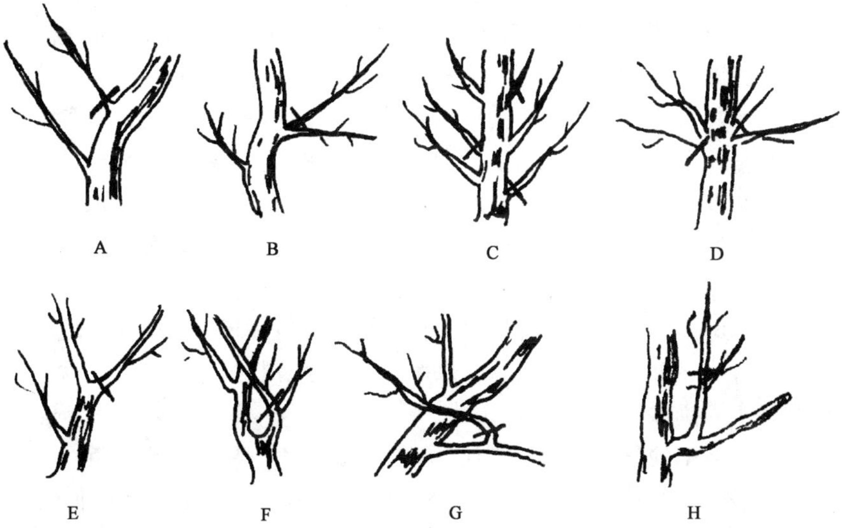

图5-1　疏剪的枝条

A. 平行枝　B. 重叠枝　C. 对生枝　D. 轮生枝　E. 丫叉枝
F. 交叉枝　G. 反向枝　H. 徒长枝

图 5-2 短截

A. 短截前 B. 短截后 C. 二次萌芽后

根据短截的程度可分轻短截、中短截、重短截等几种。

除疏剪与短截外，尚有辅助修剪。主要措施有：①摘心：通常在新梢长至适当长度时，摘去先端 4 ~ 8 厘米，可使摘心处 1 ~ 2 个腋芽受到刺激发生 2 次枝，根据需要 2 次枝还可再行摘心（图 5-3）。②剪梢：在生长季节，由于某些花木新梢未及时摘心，使枝条生长过旺，伸展过长。为调节观赏花木主侧枝的平衡关系及调整营养生长和生殖生长关系，采取剪掉一段已木化的新梢先端，即为剪梢。③除芽：为培养通直的主干，或防止主枝顶端竞争枝的发生，在修剪时将无用或有碍于骨干枝生长的芽除去，即为除芽。④除萌蘖：主干基部及大伤口附近经常长出嫩枝，有碍树形，影响生长，亦应在木化前剪除。此外，碧桃、榆叶梅等易长根蘖，也应除掉。⑤疏花、疏果：花蕾或幼果过多，影响开花质量和座果率。如月季、牡丹等花蕾多，为促使花朵更大，常需摘除过多的花蕾。

露地花灌木的修剪，首先要观察植株生长的周围环境、光照条件、植物种类、长势强弱及其在园林中所起的作用，做到心中有数，然后再进行修剪。新植灌木一般作强修剪，一些带土球的珍贵花木，如紫玉兰等，可轻剪栽植。有主干灌木或小乔木，如碧桃、榆叶梅等，修剪时应保留一定主干，选留 3 ~5 个方向合理、分布均匀、生长健壮的主枝短截 1/2 左右，其余疏掉，如有侧枝疏去 2/3，留下的短截 1/2；丛生灌木，如玫瑰、黄刺玫、连

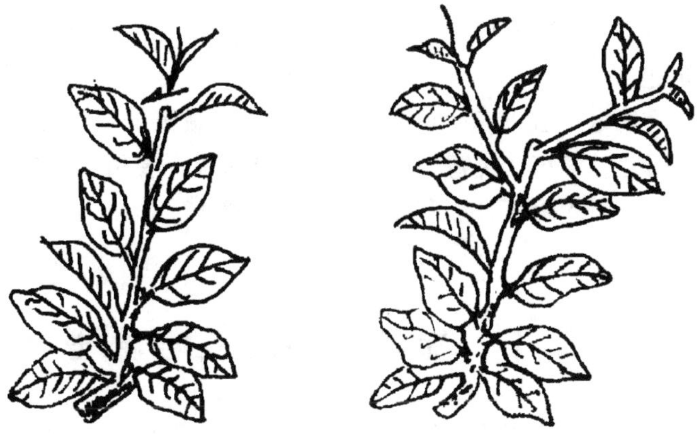

A　　　　　B

图 5-3　夏季摘心

A. 摘心前　B. 摘心后

翘等，可选 4 ~5 个分布均匀、生长正常的丛生枝短截 1/2，其余疏去，并剪成内高外低的圆头形。养护灌木应使丛生大枝生长均衡，植株保持内高外低的自然丰满圆球形，灌丛中央枝上的小枝要疏剪。外围丛生枝及小枝应短截，促发斜生枝。如果栽植时间较长，应有计划疏除老枝，培养新枝。经常短截突出灌丛外的徒长枝，使灌丛保持整齐均衡。花后及时剪掉残花残果，防止消耗养分。

花灌木修剪要根据花木生长习性和开花习性进行。春季开花，花芽（或混合芽）着生在二年生枝条上的灌木，如连翘、榆叶梅、碧桃、迎春、牡丹等是在上一年的夏季高温时进行花芽分化，经过冬季低温阶段于第二年春季开花，应在花残后叶芽开始膨大尚未萌发时进行修剪。连翘、榆叶梅、迎春等可在开花枝部留 3 ~4 个饱满芽进行短截。牡丹则仅将残花剪除即可。夏秋季开花，花芽（或混合芽）着生在当年生枝条的灌木，如紫薇、木槿、珍珠梅等是在当年萌发枝上形成花芽，因此应在休眠期进行修剪。将二年生枝条基部留 2 ~3 个饱满芽或 1 对对生的芽进行重剪。花芽（或混合芽）着生在多年生枝上的灌木，如紫荆、贴梗海棠等，花芽大部虽着生在二年生枝上，但多年生的老干当营养条件适合时亦可分化花芽。这类花木进入开花龄植株修剪量较小，在早春将枝条先端枯干部分剪除，于生长季节可进行摘心，使营养集中于多年生枝干上。一年多次抽梢、多次开花的灌木，如月季等，可于休眠期对当年生枝条进行短剪，同时剪除交叉枝、病虫枝、并生枝、弱枝及内膛过密枝。寒冷地区可行强剪。生长期内可多次修剪，可于花后在新梢饱满芽处短剪，剪口芽很快萌发新梢，形成花蕾开花，花谢后再剪，如此重复。

（4）冬季防寒　在北京地区有些木本花卉在栽植 1 ~3 年内需要采取防寒措施，如玉兰、樱花、凌霄、迎春等；少数种类需要每年保护越冬，如月季、牡丹等。常用的防寒方法有灌冻水、根颈培土、覆土、卷干、包草、积雪等。

第二节　温室花卉的栽培管理

凡不能在当地露地越冬而必须在温室内栽培或保护越冬的花卉，皆可称为温室花卉。主要包括热带及亚热带原产的观赏花卉，同时也包括一部分温带原产的花木。温室花卉栽培可广泛应用于促成栽培、种苗繁育以及切花生产，但一般仍多以盆栽为主。

一、温室环境的调节

（一）温度调节

温度调节不仅要考虑不同花卉品种对温度的要求，而且还要考虑花卉在不同生长发育阶段对温度的要求，以及温度与湿度、温度与通风、温度与采光之间的关系等。在北方地区冬季温室要进行加温。夏季一般盆花都需移到室外，置于荫棚下栽培，只有一部分热带植物、多浆植物等仍留在温室内，温室上面要用黑色遮阳网覆盖。室温的控制和调节应符合自然规律，中午的温度较高，早、晚温度较低，要防止温度的骤然升降和温差过大。调节方法有加温、屋顶覆盖和遮阳、白天打开门窗、室内喷雾、根据花卉种类适当位置摆放等。

（二）光照调节

根据季节和花卉种类调节室内光照。冬季一般不必遮阳。春、秋两季应遮去中午前后的强烈光线，朝夕予以充分的光照。夏季阳光强烈，要求遮阳时间长，程度大。由热带和亚热带引到北方来的花卉，大都不适应北方的强光环境，夏季光线强烈时，必须给予适当的遮阳。耐荫花卉的遮阳时间和程度比喜光花卉相应加大。常用的调节方法有苇帘或竹帘覆盖、遮阳网覆盖、石灰水涂刷玻璃窗等。

（三）湿度调节

各类花卉对湿度的要求不同，原产于沙漠地区的种类，要求低湿度或干燥的环境，而原产于热带和亚热带地区的种类，则要求较高湿度。所以，必须按照各种植物的不同要求，给予适当的湿度。常用的调节方法有温室内地面、花台、花架上喷水；修建水池，增大蒸发面积；安装喷雾装置，进行定时喷雾。当室内湿度过大时，打开门窗通风或相应提高室温。

（四）通风

通风可增加室内空气中二氧化碳浓度，提高光合效率，还能达到降温、降湿效果。但在寒冷季节，通风与保温、保湿相矛盾。为了缓解矛盾，最好在中午前后开窗通风，以免影响室温。不宜打开北向窗户通风，避免冷风直接吹向植株，通风后，应采取措施提高室内空气相对湿度。

二、培养土与栽培基质

花卉植物从肥沃的土壤中吸收水分、养分，才能健康生长。土壤环境对植物生长起着决定性作用，是花卉栽培成功的基础。因为植物只有根系生长良好，才能吸收养分，进而才能枝繁叶茂。随着花卉栽培的迅速发展，对土壤的研究日益深入，尤其是盆栽花卉的大量生产，不仅要求有养分丰富的培养土，更要有物理性状良好的栽培基质，并要求土壤卫生，国外已有专业生产的花卉生长土壤和栽培基质。

（一）培养土

培养土是指以园土等为材料，经过人工配制，能满足植物生长、发育所需的物理性状和化学性状的混合土。其物理性状主要指土壤结构、排水性、透气性、持水保肥等能力；化学性状主要指土壤酸碱度、土壤养分含量等。培养土配制的原则，是根据植物生长对土壤的要求，运用不同的材料配制。植物种类多种多样。因此培养土也是多种多样的。培养土配制的常用材料有园土、腐叶土、厩肥、山泥、河沙、木炭、石灰等。

（二）栽培基质

栽培基质是现代花卉栽培所用的无土或少土的介质，具有物理性状好，材料重量轻，理化性状稳定，大都属于园艺无毒类型等特点。栽培基质的配制，是根据植物生长对水分和透气性的要求，选用特定的材料混合而成。材料应经消毒。配制栽培基质应包含两个组成材料，即排水透气性材料（如蛭石、珍珠岩等）和持水保肥性材料（如泥炭、苔藓、木屑等）。作为植物生长基质，理化性状缺一不可，而配制的栽培基质一般不强调养分含量。生长基质的物理性状主要是保证根系生长健壮，从而使其吸收养分。配制后的基质，其物理性状难以改善或变换，而养分因子完全可以在栽培过程中追加。栽培基质能保持统一的水分或养分的含量指标，便于统一管理，适宜自动灌溉、科学合理地定量施肥。培养土虽富含肥分，但由于含量不一，难以做到统一管理。常用的栽培基质配制材料有泥炭、珍珠岩、蛭石、陶粒、岩棉、木屑、树皮、谷壳等。

三、温室花卉的移栽

（一）上盆

实生苗长到一定大小或扦插苗生根后，栽入适宜的花盆中继续栽培，称为上盆。

盆的大小与花苗要相称，上盆时既要避免大盆装小苗，又要避免小盆装大苗。上盆时，先用1至数片碎盆片（浅盆可用窗纱等）将盆底的泄水孔盖上，然后在盆的下层先填入一些粗粒土、炉渣和适量的底肥，上层再装填一层细的培养土。将花苗放在盆中央，四周加培养土并用手自盆边向中心压实。植株不宜栽得过深，盆土也不宜装得太满，一般盆面离盆口1.5厘米左右，以利浇水、施肥。上盆后立即浇水，水要浇足，一般连续浇2次。

（二）换盆

将盆栽花卉移换到另一盆中，称为换盆。栽培中有两种情况需要换盆，一是随着幼苗的生长，根群布满盆内，生长受到限制，此时应由小盆换到大盆中，扩大根群的营养面积，利于植株健壮生长；二是盆土的物理性质变劣，养分贫乏，此时换盆应更换新的培养土。

换盆应由小到大逐次进行，不可一下换入过大的盆钵。盆大苗小不能正确掌握干湿度，植株生长不良，花蕾形成较晚，而且开花较少。温室一、二年生花卉生长迅速，一般到开花前要换盆2～4次；宿根花卉大多是一年换1次；木本花卉2～3年换1次。宿根花卉与木本花卉换盆常在秋季生长将停止或早春生长开始前进行。常绿种类也可在雨季换盆。如温室条件适合，可随时换盆。但在花芽形成及花朵盛开时不宜换盆。

将植株从原来的盆钵中取出，称为脱盆。脱盆时，一只手按住植株的基部，将盆提起倒置，另一只手轻磕盆边，取出土球。较大的花木可将盆侧放，双手轻拢植株基部，用脚轻踹盆边，则可将土球取出。一、二年生花卉换盆时，土球一般不作处理。宿根花卉和木本花卉应将原土球肩部及四周外部旧土剔去一部分（俗称旋土球）（图5-4），并将土球外围的老根、枯根、病根全部剪除。

图5-4　旋土球

换盆后应立即浇水，第一次必须浇透，以后浇水不宜过多，尤其是根部修剪较多，吸水力减弱，水分过多易使根腐烂。换盆后为减少叶面蒸发，应在换盆后数日置于阴处。

四、温室花卉的水肥管理

（一）浇水

浇水是温室花卉栽培管理中的重要环节。浇水按方式不同可分为浇水、找水、放水、喷水和扣水等。浇水多用喷壶进行，用水量以浇后能很快渗透为宜。找水是补充浇水，即对缺水的盆株单独补浇。放水是指生长旺季结合追肥加大浇水量，以满足枝叶生长的需要。喷水即对植物进行全株或叶面喷水，喷水不仅可以降低温度，提高空气相对湿度，还可以清洗叶面上的尘土，提高植株光合效率。扣水指少浇水或不浇水，在根系修剪而伤口尚未愈合时，或花芽分化阶段及入房前后常采用此方法。

水量的大小，取决于季节、天气、植物种类、不同生长期和土壤性质等条件。喜湿种类多浇，反之少浇；生长期多浇，休眠期少浇；种子成熟期少浇；夏天多浇，冬天少浇；晴天多浇，阴天少浇；疏松土壤多浇，黏重土壤少浇。浇水的时间，夏季以早晨日出前或日落后为宜，冬季以上午9:00～10:00最适。浇水应“干透浇透”，要避免多次浇水不足，只湿表层盆土，形成“腰截水”。

浇水方法除用喷壶浇灌外，还可用喷灌、滴灌、浸盆等方法。浸盆就是将盆栽植株坐入水中，使水自盆底的泄水孔自然渗入盆土中。

（二）施肥

温室盆栽花卉因长期生长在盆钵之中，根部受盆土限制，施肥对其生长和发育显得更为重要。在上盆和换盆时常施基肥，生长期间施以追肥，一般一年追肥 3 ~4 次，常用的基肥有豆饼、蹄角片、过磷酸钙等。一般是放置盆底或四周，但不可使植株根系直接接触肥料。追肥以“薄肥勤施”为原则。通常分为撒施和浇施两种，撒施是将豆饼、麻酱渣等碾碎撒于盆内并与盆土掺匀。浇施是将豆饼、蹄角片等浸泡液肥，稀释后施入，也可用化肥或微量元素追施或叶面喷施。

施肥要在晴天进行。施肥前先松土，待盆土稍干后再施肥。施肥后，立即用水喷洒叶面，以免残留肥液，污染叶面或引起肥害。施肥后第二天要浇水 1 次。根外追肥不要在低温时进行，应在中午前后喷洒。

五、整形修剪

温室花卉，几乎全年都有不少种类在生长发育，因而，修剪是温室中常年不断的工作。它包括休眠期修剪和生长期修剪。全年整形修剪通常包括的内容有绑扎、诱引、支缚、支架以及摘心、除芽、剪枝、摘叶、剥蕾等。

六、温室花卉的出入室

温室内部夏季温度过高，通风不良，不利于花卉的正常生长发育。因此在每年春季晚霜过后，应将其移至室外荫棚中养护，待秋季气温逐渐下降，早霜出现以前，再将其搬入室内加以养护。仙人掌及多肉植物，以及夏季休眠的种类，如仙客来、吊钟海棠、球根海棠等，可以不出温室。

温室花卉的出入室时间应根据各地的气候条件和植物种类来灵活掌握。北方一般在 4 月末至 5 月初陆续移出温室，9 月末至 10 月初，气温逐渐下降，早、晚已有霜冻，此时必须移入温室，进行冬季管理。对温度要求不太高的花卉种类春先出秋后进，而喜高温的花卉种类则春后出、秋先进。温室花卉因长期在优越的条件下生长，一般都比较娇嫩，经不住环境的剧烈变化，因此在出温室前要给它们以锻炼。从 2 月底开始，逐渐打开门窗通风，降低室内温度，同时适当减少水分及氮肥的供给，多施磷、钾肥，促进植株组织成熟，增强抵抗力。

模拟测试题

一、名词解释

1. 培养土　　2. 栽培基质　　3. 扣水　　4. 浸盆
5. 整形修剪

二、填空题

1. 间苗时应去__________留__________，去__________留__________，使幼苗之间有一定的距离，分布均匀。

2. 露地宿根花卉整形修剪常用措施有__________、__________、__________、__________等。

3. 大多数木本花卉的栽植过程要经过__________、__________、__________、__________4个环节。

4. 观赏花木的修剪种类，有__________和__________两种。

5. 露地花卉常用的防寒方法有__________、__________、__________、__________等。

6. 温室内通风可增加室内空气中__________浓度，提高__________效率，还能达到__________、__________效果。

7. 温室花卉栽培应重视对__________、__________、__________、__________等环境因子的调节。

8. 培养土应满足花卉生长、发育所需的物理性状主要指土壤__________、__________、__________、__________等能力。

9. 配制栽培基质应包含两个组成材料，即__________材料和__________材料。

10. 温室花卉浇水按方式不同可分为__________、__________、__________、__________、__________等。

三、判断题

1. 一、二年生花卉施追肥时液肥浓度要小，掌握"薄肥勤施"的原则。（　）

2. 三色堇、雏菊、鸡冠花等均需多次摘心，以促使侧枝萌发，增加开花枝数。（　）

3. 栽培基质的配制，是根据植物生长对水分和透气性的要求，选用特定的材料混合而成。（　）

4. 温室花卉出房前应增加水分和氮肥的供给，促进植株组织成熟，增

强抵抗力。 (　　)

5. 根据摘心的程度可分为轻短截、中短截、重短截等几种。 (　　)

四、选择题

1. 从通气性能来看，最强的材料是__________。

A. 蛭石　　B. 木屑　　C. 陶粒　　D. 珍珠岩

2. 就吸附性能（即保肥性能）来说，下列材料中，最强的是__________。

A. 珍珠岩　　B. 木屑　　C. 黏土　　D. 泥炭

3. 盆栽花卉常在以下__________情况需要换盆。

A. 随幼苗长大，根系无法伸展，由小盆换大盆以扩大营养面积。

B. 盆土养分缺乏，土壤理化性变差，需更换培养土。

C. 植物根系生长不良，有根部病虫害。

D. A、B 和 C 三种情况。

4. 盆栽培养土是指以园土、肥料等为材料，经过人工配制后，具有良好的__________以满足植物生长需要的混合土。

A. 物理、化学性状　　B. 养分、水分含量

C. 排水性、疏松性　　D. 消毒措施

5. 一、二年生花卉中，常需要进行摘心的为__________。

A. 一串红、百日草、翠菊、矮牵牛

B. 雏菊、石竹、福禄考、三色堇

C. 凤仙花、鸡冠花、桂竹香、金鱼草

D. 虞美人、千日红、半支莲、紫罗兰

五、简答题

1. 移植的主要作用有哪些？
2. 何谓摘心？摘心对一些花卉生长有何作用？
3. 叙述露地宿根花卉生长期的管理要点。
4. 叙述露地球根花卉的栽植要点。
5. 园林花木整形修剪有何作用？
6. 依据露地花灌木生长、开花习性，如何修剪？
7. 盆栽花卉在什么情况下应该换盆？
8. 温室盆栽花卉应如何掌握浇水量？

模拟测试题答案

一、名词解释

1. 培养土：以园土等为材料，经过人工配制，能满足植物生长、发育所需的物理性状和化学性状的混合土。

2. 栽培基质：花卉栽培所用的无土或少土的介质，具有物理性状好、材料重量轻、理化性状稳定，大都属于园艺无毒类型等特点。

3. 扣水：少浇水或不浇水。在花芽分化阶段及入房前后常采用此方法。

4. 浸盆：盆栽浇水方法。将盆栽坐入水中，使水自盆底的泄水孔自然渗入盆土中。

5. 整形修剪：整形是整理花卉全株的外形和骨架；修剪是对花卉植株之局部或某一器官的具体剪理措施。

二、填空题

1. 密、稀、弱、壮

2. 摘心、除芽、剥蕾、修剪

3. 起苗、运输、定植、栽后管理

4. 疏剪、短截

5. 覆盖、培土、灌冻水、卷干

6. 二氧化碳、光合、降温、降湿

7. 温度、光照、湿度、通风

8. 结构、排水性、透气性、持水保肥

9. 排水透气性、持水保肥性

10. 浇水、找水、放水、喷水、扣水

三、判断题

1. √　2. ×　3. √　4. ×　5. ×

四、选择题

1. C　2. D　3. D　4. A　5. A

五、简答题

1. 答：增加幼苗的营养面积，改善群体通风透光条件，促使幼苗生长健壮；移植时切断主根，可促使侧根发生，再移植时易成活；移植有抑制生长的效果，使幼苗株形紧凑，观赏效果好。

2. 答：摘心是指摘除正在生长中的嫩枝顶端。摘心可以促使侧枝萌发，增加开花枝数，使植株矮化，株形圆整，开花整齐。也有抑制生长，推迟开花的作用。

3. 答：(1) 光照：对光照强度的要求因种而异。光周期现象应引起重视，即相当部分花卉与光照时间长短有关。

(2) 温度：大多数宿根花卉耐寒性强。春花类，对夏热的抗性一般较差。

(3) 施肥：土壤要求基肥比一二年生花卉高。春季施以追肥；花前、花后可再追肥；秋季叶枯时可掘沟施以腐熟厩肥或堆肥。

(4) 浇水：早春返青前、旺盛生长期供给充足的水分；雨季排水防涝；上冻前浇足冻水。

(5) 整形修剪：常用措施有摘心、除芽、剥蕾、修剪等。花后除残花。

(6) 及时更新：将过密、老的植株挖出分植；土壤更新。

4. 答：(1) 种植和繁殖的时期春、秋皆有。大多数球根花卉宜选择阳光充足之处，苗床的土壤要求深厚、肥沃、排水良好，pH 值 6 ~ 7。土壤消毒十分重要。(2) 种植深度一般指球根底部至土面的距离，常为种球直径 2 倍左右。(3) 如需施基肥，适当加大栽植穴或沟的深度，撒肥后盖一层园土，然后栽植球根。

5. 答：园林花木的整形修剪具有美化树形、协调比例、调整树势、增加开花结果量、改善通风透光条件等作用。

6. 答：(1) 春季开花，花芽着生在二年生枝条上的花灌木，应在花残后叶芽开始膨大尚未萌发时修剪；(2) 夏秋季开花，花芽着生在当年生枝条的灌木，应在休眠期修剪。将二年生枝条基部留 2 ~ 3 个饱满芽进行重剪；(3) 花芽着生在多年生枝上的灌木，于早春剪除枝条先端枯干部分，于生长季节进行摘心；(4) 一年多次抽梢、多次开花的灌木，可于休眠期对当年生枝条短剪，同时疏剪，生长期内可多次修剪（花后修剪）。

7. 答：随着幼苗的生长，根群布满盆内，生长受到限制，此时应由小盆换到大盆中，扩大根群的营养面积。此外，盆土物理性质变劣，养分贫乏，需更换培养土。根系生长不良，或有根部病虫害也需换盆。

8. 答：水量的大小，取决于季节、天气、植物种类、不同生长期和土壤性质等条件。喜湿种类多浇，反之少浇；生长期多浇、休眠期少浇；夏天多浇，冬天少浇；晴天多浇，阴天少浇；疏松土壤多浇，黏重土壤少浇。

第六章

花卉病虫害防治

本章提要：介绍花卉病虫害及其防治原则、基本方法、常见花卉病虫害防治和常用药剂等基本知识。

学习目的：掌握花卉病虫害及其防治的基础理论和基本方法，并能在生产中应用。

第一节　花卉病虫害的基础知识

一、花卉病害

花卉在生长发育过程中，因受有害生物的侵染和不良环境的影响，使其在生理上和外部形态上，都发生一系列的病理变化，致使花卉的品质和产量下降，这种现象称为花卉病害。

花卉病害分为非侵染性病害（生理性病害）和侵染性病害两大类。前者是由于不适宜的环境条件所造成，后者是由于受到生物侵染而引起。引起花卉病害的生物主要有真菌、细菌、病毒、线虫等。在气候条件适宜的情况下，由上述病原物侵染花卉后就会发生多种病害。这些不同性质的原因引起的花卉病害，分别称为真菌病害、细菌病害、病毒病害、线虫病害及生理性病害。

（一）真菌病害

真菌病害是由真菌引起的。真菌是一类没有叶绿素的低等生物，个体大小不一，多数要在显微镜下才能看清。它们主要借助风、雨、昆虫或花卉的种苗传播，通过花卉植物表皮的气孔、皮孔等自然孔口和各种伤口侵入体内，也可直接侵入无伤表皮。在生病部位上表现出白粉、锈粉、煤污、斑点、腐烂、枯萎、畸形等症状。常见的病害有白粉病、黑斑病、炭疽病、锈病等。

（二）细菌病害

细菌病害是由细菌引起的。细菌比真菌个体更小，是一类单细胞的低等生物。它们一般借助雨水、流水、昆虫、土壤、花卉的种苗和病株残体等传播。主要是从植株体表气孔、皮孔、蜜腺和各种伤口侵入花卉体内，引起危害，表现为斑点、溃疡、萎蔫、畸形等症状。常见的病害有细菌性根癌病、穿孔病、软腐病等。

（三）病毒病害

病毒病害是由病毒引起的。病毒是极微小的一类寄生物，它的体积比细菌更小，必须用电子显微镜才能看到它的形态。病毒主要通过刺吸式口器的昆虫，如蚜虫、叶蝉、粉虱等传播；其次是通过土壤中的线虫和真菌、种子和花粉传播。嫁接时病株与健株接触，无性繁殖材料，如接穗、球茎等都是花卉病毒病的重要传播途径。以上传播媒介，在花卉植物上造成的微小伤口将病毒带入体内，使其发病，表现为花叶、畸形等症状。常见的病害有串红花叶病毒病等。

（四）线虫病害

线虫病害是由线虫寄生引起的。线虫是一种低等动物，身体很小，需在显微镜下才能看清它的形态。线虫头部口腔中有一矛状吻针，用以刺破植物细胞吸取汁液。生活在土壤中的线虫，有些寄生在花木根部，使根系上长出小的瘤状结节，有的引起根部腐烂，常见的有根结线虫病。有的线虫寄生在花卉叶片上，引起特有的三角形褐色枯斑，最后叶枯下垂，如叶枯线虫病。

（五）生理性病害

生理性病害又称非侵染性病害。这是由不良的环境因素、植株本身生理代谢受阻、某些营养元素的缺乏及栽培技术不当所造成的。其病原常见有土壤因素的影响、温度的影响、烟害等。表现的症状为黄化、花叶畸形、落花落果和其他不正常现象，如黄化病等。

二、花卉虫害

花卉虫害是指花卉在生长发育过程中，因受害虫食取其叶、枝茎、花、果、根等，造成这些部位缺损、畸形，致使花卉生长不良，甚至引起植株死亡。危害花卉的害虫很多，其发育一般可分为完全变态即卵→幼虫→蛹→成虫4个虫期，或不完全变态即卵→若虫→成虫3个虫期。昆虫的食性复杂，口器类型不同，因此，取食方式和危害特点也不尽相同。

（一）咀嚼式口器的害虫

取食固体食物的为咀嚼式口器。此类口器的害虫危害花卉后，主要造成花卉组织机械损伤。取食花卉叶片的害虫，常造成叶片缺损，或吃去叶肉组织，仅留下网状叶脉，甚至将叶片全部吃光，如黄刺蛾、金龟子、天幕毛虫等。蛀食茎干、果实和种子的害虫，它们钻入其内部，往往在表面造成孔洞，在内部形成虫道。潜伏在叶片表皮间取食的害虫，在叶内留下虫道，常使叶片枯萎、早落，如菊天牛、蔷薇茎蜂等。取食播种后的种子、幼苗根茎、球茎、鳞茎等花卉地下组织的害虫，常造成缺苗，或幼苗倒伏，或整株枯死，如蛴螬、小地老虎、蝼蛄等。

（二）刺吸式口器的害虫

取食液体食物的为刺吸式口器。此类口器的害虫取食方法是用口针刺进花卉的叶、花、嫩梢、茎干等组织内，刺吸汁液，受害花卉的外形不造成机械损伤，只在被害部位形成退色斑点，或引起组织畸形（叶片皱缩、卷叶、虫瘿等），削弱植株生长势。如常见的介壳虫、蚜虫、粉虱等。这类昆虫及螨类虫体都很微小，分布广，发生极为普遍，是露地和温室花卉的重要害虫。

第二节　花卉病虫害的防治原则和基本方法

一、防治原则

花卉病虫害防治，必须贯彻“预防为主，综合防治”的基本原则。

预防为主，就是根据病虫害发生规律，抓住薄弱环节和防治的关键时期，采取经济有效、切实可行的方法，将病虫害在大量发生或造成危害之前，予以有效控制，使其不能发生或蔓延，以保护花卉免受损失或少受损失。

综合防治，是以科学的栽培技术为基础，根据病虫害发生规律，因地制宜，合理协调地应用生物、物理、化学等防治措施，达到经济、安全、有效地控制病虫害的发生，将其造成的损失减少到最低水平。总之，花卉病虫害的防治应遵循以下 3 个原则：一是要提高花卉植物本身的抗病虫害能力，免遭或减轻病虫害的危害；二是要创造有利于花卉植物生长发育的良好环境，促进其健壮生长，增强抗病虫害的能力，而不利于病菌与害虫繁殖、生存，达到减轻危害程度的目的；三是要直接消灭病原物和害虫，或减少甚至杜绝其传播途径。

二、防治的基本方法

（一）严格执行植物检疫法规

植物检疫是植物保护体系中的重要组成部分，目的在于防止国与国、地区与地区之间，随着种子、苗木及其他植物产品在引进、输出中，传播危险性病虫及杂草。对已发生的危险性病虫及杂草的地区，应采取有效措施，逐步消灭其发生基地。因此，植物检疫既是国家或地方行政机关通过颁布法令的形式，执行、贯彻“预防为主，综合防治”的植保工作方针，同时，也是发展国际贸易所不可缺少的工作。

危害性病、虫、杂草的种类多，分布广，危害程度也不一样，植物检疫不是对一切病虫及杂草都进行检疫，而必须包括由国家公布的检疫对象、疫区和保护区、应检疫的植物及其产品等三个因素。

目前，我国的植物检疫工作分为对外检疫（国际检疫），对内检疫（国内检疫）两方面。对外检疫，是防止国外输入新的，或在国内还是局部发生的危险性病虫及杂草，同时也防止国内某些危险性病虫及杂草输出国外。为此，国家在港口、国际机场、交通要道设立动植物检疫所和商品检验站（所），对出口及过境的物品检疫处理。对内检疫，是防止和消灭地区之间在物资交流中，传播的危险性病虫及杂草。主要由各省（市）、自治区检疫机关会同有关部门，根据政府公布的对内检疫条例和检疫对象执行检疫，并采取措施防止局部地区危险性病虫及杂草向外传播蔓延。

调运农、林、观赏植物及其产品时，对已列入实施检疫的植物、植物产品名单的农作物、林木、观赏植物，在运出发生疫情的县级行政区域之前，必须经过植物检疫。凡是种子、苗木和球根、鳞茎等其他繁殖材料，不论是否列入应施检疫的植物、植物产品名单和运往何地，在调运之前，都必须经过检疫。经检疫无问题时，当地植物检疫机构给托运人发放植物检疫证书方可托运。

国内调运种子、苗木和其他繁殖材料时，调入单位（个人）必须事先征得所在地省、自治区、直辖市植物检疫机构的同意，并向调出单位提出检疫要求；调出单位必须根据该检疫要求向所在地的省、自治区、直辖市植物检疫机构申请检疫。调入单位所在地植物检疫机构要查验检疫证书。

由国外引进种子、苗木和其他繁殖材料时，均须向所在地省、自治区、直辖市检疫机构提出申请，办理检疫审批手续。

工矿、企业、机关、学校等，在购进种苗、花木时，均应仔细观察和询问该批苗木带病虫情况，如带严重病虫害，可按检疫条例拒收，或经消毒处理后再接收。

（二）园艺栽培技术防治

1. 选用抗病虫的品种

在花卉生产和栽培中，因地制宜，选择和培育具有抗病虫能力的品种，是防治花卉病虫害的有效措施之一。选育出一个抗病虫害的品种，可以避免因其他防治方法所消耗的人力和物力，尤其是对某些防治较困难的，或目前尚无有效防治方法的病虫害，选育抗病品种更为重要。

2. 合理的水肥管理

根据各种花卉的习性和要求，科学合理地施肥，可以调节花卉的营养状况，促进生长势，增强抗病虫害的能力，减轻危害程度，如盆栽月季使用合理配制的培养土，能减轻月季黑斑病的发生和危害，提高其观赏价值。适量增施硫酸亚铁，可以控制栀子花、山茶花等的黄化病。氮、磷、钾肥要合理搭配才能提高花卉抗病虫害能力，促进健壮生长，发挥优良性状。

此外，科学合理的浇水是促进花卉生长和减轻病虫危害的重要措施之一。土壤过湿，排水不良，是幼苗猝倒病的诱因和花卉根系腐烂的直接原因。及时排出圃地和盆土内的积水，对防治根部腐烂有明显的效果。对地老虎等地下害虫，用灌溉方法具有驱除和杀灭的作用。

3. 实行轮作和合理配植

圃地实行轮作，对常年发生的幼苗猝倒病（立枯病）、白绢病、青枯病、根癌病花卉病害有较好的防治效果。在公园、庭院和风景区内，各种花卉和园林树木配植要合理，对具有转移寄主的锈病，如贴梗海棠、海棠花、苹果等应避免与桧柏或其他柏树配置在一起，不然会引起贴梗海棠等花木锈病的发生。

4. 培育无病虫害的壮苗

有些病害或虫害是随花卉的种子、苗木、球根、鳞茎、接穗、插条等繁殖材料传播的，如根癌病、根结线虫病及某些病毒病等。因此，选择无病虫害的健康材料进行播种繁殖，是培育无病虫害健康苗木的关键。生产用地要精耕细作，适时播种，及时进行间苗。苗床、温室、花盆、培养土以及播种材料，必要时可进行消毒处理，以保护花卉幼苗不受病虫害侵袭，得以茁壮生长。

5. 加强生产场所的卫生

被病虫侵害的叶、花、果和枝，散落在地面或仍在植株上，都可成为病虫害的传播中心或越冬越夏场所，在栽培管理中均需及时清除。同时，结合花木的整形修剪，及时清除病虫枝及病虫株，以消灭或减少病虫害的侵染来源，达到控制病虫害发生的目的。

（三）生物防治

利用自然界生物间的矛盾，应用有益的生物天敌或生物的代谢产物，来防治病虫害的方法，即为生物防治。其优点是对人、畜和植物一般无毒，对环境多无污染，便于推广应用。有益生物种类很多，如益虫、益鸟及有益微生物等。生物防治在病虫害上的应用，一般有以菌治菌、以菌治虫、以虫治虫、以鸟治虫等方法。

（四）物理防治

利用物理的方法防治病虫害，既包括简单易行的古老办法，也包括近代物理最新技术。简单的方法，如清除病落叶、病枝、病株集中销毁，人工捕杀某些害虫的卵块、幼虫和有假死性的害虫如金龟子等，在一定范围内都是行之有效的方法。

热处理消毒是防治种苗病虫害和土传病害的措施之一，用 45.6℃和 46.7℃的热水处理郁金香球茎可以防治茎线虫病。圃地堆集焚烧枯枝落叶的办法可提高土壤温度，达到消毒土壤，减轻病虫害的目的。盆栽花卉的土壤可用铁锅加热烘烤，或用蒸气消毒土壤，均可防治土壤传播的病害。利用黑光灯和高压电网灭虫器诱杀害虫。利用超声波和放射性同位素是近代物理科学技术在病虫害防治上的应用。利用高温和射线等物理方法防治花卉病害，可减少因使用化学药剂对人畜及环境污染的危害，在某些特殊条件下可以收到良好的效果。

（五）药剂防治

药剂防治是花卉病虫害防治的重要手段之一，其特点是适用范围广，收效快而显著，方法简便。尤其是当病虫害大发生后，施用化学药剂往往是唯一有效的办法。化学药剂根据防治对象不同，可分为杀菌剂、杀虫剂、杀线虫剂、杀螨剂、除草剂等。

药剂的使用方法有喷雾、喷粉、种子处理（拌种和浸种）、土壤消毒，或将药剂制成毒饵和毒土。在温室、仓库可用易挥发的药剂进行熏蒸，以它产生的有毒气体杀死病菌和害虫。

科学用药是提高防治效果的重要保证。要合理应用，做到高效、低毒、安全和经济。药剂施用中应注意以下几点：

1. 对症下药

根据防治对象、药剂性能和使用方法，选择有效的药剂品种对症下药，才能达到有的放矢，获得良好的防治效果。例如乙磷铝（疫霜灵）和甲霜灵（瑞毒霉）对花卉霜霉病和疫病有良好的防治效果，但不能防治白粉病。扑虱灵对白粉虱若虫有特效，对蚜虫则无效。因此，必须对症选药，避免浪费人力和物力。

2. 掌握用药时机

在花卉生产和栽培中，注意观察和掌握病虫害发生规律，找出它的薄弱环节及时施药，以取得较理想的防治效果。对由种苗和土壤带菌的病害，在播种或移栽前，进行药剂拌种或浸种以及消毒土壤，可以集中消灭侵染源，提高防治效果，避免病害扩散后投入更多的人力、物力。防治花卉介壳虫，应抓住若虫孵化活动阶段施药，可收到事半功倍的效果。

3. 交替用药

采用药剂防治病虫害时，重复连续施用一种药剂，往往容易引起某些病原和害虫对它产生抗药性，从而降低防治效果。因此，提倡不同类型和种类的药剂合理的交换使用，以防止病原物和害虫产生抗药性。

4. 安全用药

不同种类或品种的花卉，以及花卉在不同的发育阶段，对药剂的敏感程度有差异。用药时，应严格掌握各种药剂的使用浓度，控制用药量，不要随意增加浓度或用量，防止花卉产生药害。药剂喷布不匀，在高温条件下喷药，均易发生药害。公园游览区严禁施用高毒、高残留的药剂，以免游人中毒或污染环境。施药人员应严格按照各种农药包装上的说明来使用，并有安全防护设施，以防中毒。

第三节　常见花卉病虫害及其防治方法

一、常见花卉病害

（一）白粉病类

真菌性病害。由真菌中的白粉菌引起。危害多种草本花卉和花灌木。常见有瓜叶菊、凤仙花、金盏菊、大丽花、月季等白粉病。多发生在叶片、嫩枝、花蕾、幼果等部位。病斑常近圆形，其上出现很薄的白色粉层，后期白粉层上散生许多针头大小的黄褐色颗粒，即病症，除去白粉层，可看到受害植物组织的黄色斑点，即病状。感病植株矮小，嫩梢弯曲，花少而小，不能开放或畸形，严重时叶片卷缩、干枯，甚至整株死亡（图6-1）。

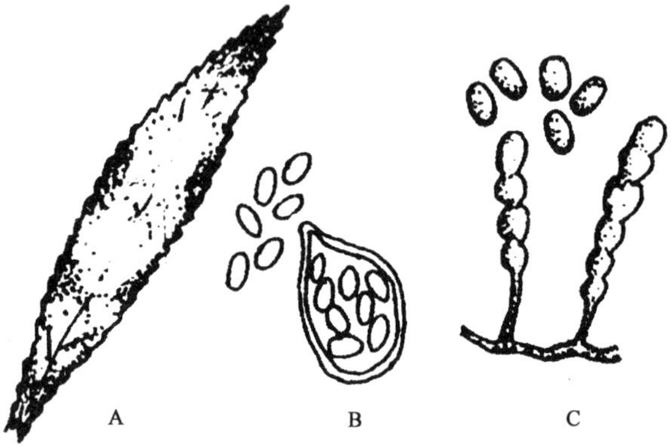

图6-1　凤仙花白粉病

A. 病叶　B. 子囊孢子　C. 分生孢子

防治方法：选用抗病品种。栽培管理上要加强通风，降低湿度，控制氮肥施用，增施磷、钾肥料。发病初期可喷施25%粉锈宁可湿性粉剂2000～3000倍液，或70%甲基托布津可湿性粉剂1000～2000倍液。也可用25%多菌灵可湿性粉剂500倍液喷洒。

（二）锈病类

真菌性病害。由真菌中锈菌引起。不论草本花卉或木本花卉都有各种锈病发生，甚至草坪也能发生此病。常见有向日葵、菊花、芍药、萱草、美人蕉、鸢尾、玫瑰、月季等锈病。发生于寄主植物枝、叶、果、冬芽等部位。

病部出现锈黄色粉状病症，植物受其危害多形成斑状、须状物或瘤肿，受害叶片整叶全呈病斑，导致早期枯死（图6-2）。

防治方法：剔除病株，清除病残体。可用20%嗪氨灵乳油1000倍液或20%粉锈宁乳油2000倍液喷雾，也可喷施65%代森锌可湿性粉剂500倍液。此外，石硫合剂或70%甲基托布津1000倍液，以及50%萎锈灵可湿性粉剂600～1000倍液喷洒病株等也有较好效果。

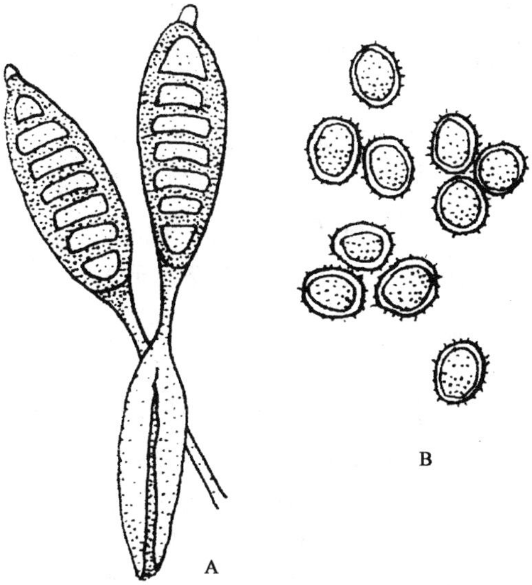

图6-2　玫瑰锈病病原

A. 冬孢子　B. 夏孢子

（三）叶斑病类

真菌性病害。大多由半知菌类中的一些真菌引起。危害部位以叶片为主，是花卉最常见的一类病害。常见有瓜叶菊、香石竹、非洲菊、秋海棠、栀子花、苏铁等叶斑病以及菊花、月季等黑斑病、兰花圆斑病等。主要侵染叶片，有时也侵染茎枝、花蕾和花梗等部位。感病叶片最初出现小斑点，逐渐扩大呈圆形、椭圆形等褐

图6-3　月季黑斑病

A. 病叶　B. 病原（分生孢子）

色病斑，中央变灰褐色至灰白色，上面散生黑色小粒点或病斑等，多数病斑可连接成片，使叶片枯黄脱落，严重影响植株生长和观赏效果，有时全株死亡（图6-3）。

防治方法：栽培管理加强通风、透光，及时清除病叶病株，减少侵染菌源。可用80%代森锰锌可湿性粉剂800～1000倍液，或用50%克菌丹可湿性粉剂400～500倍液，也可用50%多菌灵可湿性粉剂600～1000倍液喷雾。另外波尔多液或75%百菌清也可防治。

（四）枯萎病类

真菌性病害。一般由土壤中兼性寄生菌镰孢霉、轮枝霉寄生所致。但有时细菌也可导致枯萎。幼小植株受侵染时整株突然枯萎，根系则发生不同程度的腐烂。成株发病时基部叶片变黄、枯萎，由下向上逐渐发展。营养根通常全部腐烂，最后全株枯萎。病株基部横切面可见维管束明显变褐色，这是枯萎病的重要特征（图6-4）。

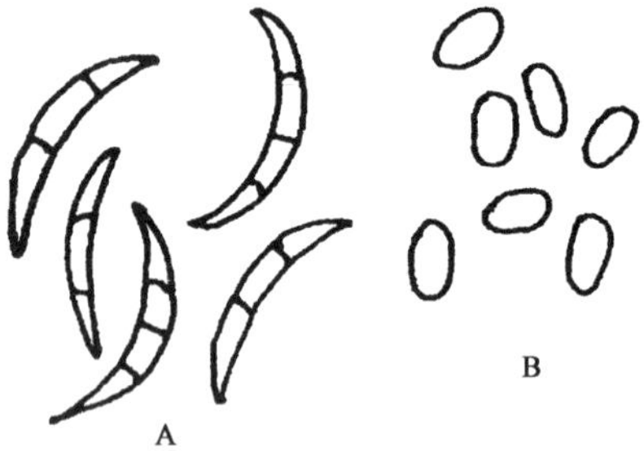

图6-4 唐菖蒲枯萎病病原
A. 大分生孢子 B. 小分生孢子

防治方法：选用抗病品种。加强栽培管理，实行轮作制或加强土壤消毒。用50%多菌灵或敌克松500倍液浇灌根基土壤。

（五）花叶病类

病毒性病害。多由病毒所致。常见有矮牵牛、一串红、紫罗兰、百日草、美人蕉、唐菖蒲、大丽花、菊花等花叶病。危害部位主要为叶片，受害叶片出现黄绿色与深绿色相间的花叶型症状或绿色等局部黄化的症状，叶片

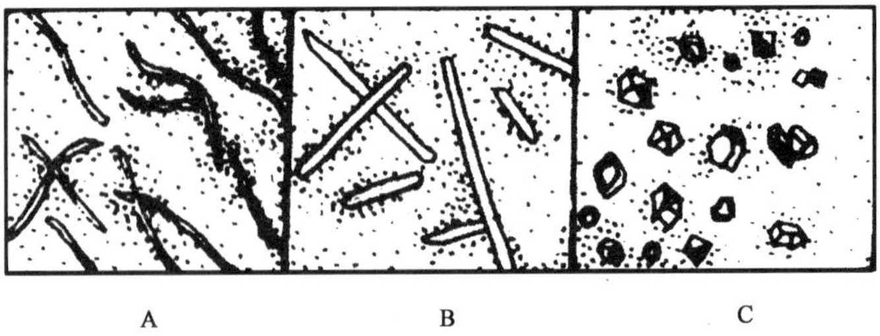

图6-5 病毒病原形态（电镜观察）
A. 线状 B. 杆状 C. 多面体状

变小且皱缩，质地变脆，株矮、花小（图6-5）。

防治方法：加强栽培管理，注意园圃卫生，发现病株及时拔除并烧毁。喷洒杀虫剂，以防治传播病毒的蚜虫。

（六）软腐病

细菌病害。一般由欧氏杆菌属的一些细菌引起。多在球根、宿根花卉中发生，具有毁灭性。常见的有细菌性软腐病，有仙客来、鸢尾、君子兰、风信子、马蹄莲等软腐病。通常受害部位初呈水渍状（叶柄、花梗）、暗绿色和褐色粘滑性软腐，上下蔓延，进而向健康的叶柄、花梗入侵。剖开病部，可见维管束变褐，发黑，严重时球茎内部腐败，产生白色发黏的糊状物，有臭味（图6-6）。

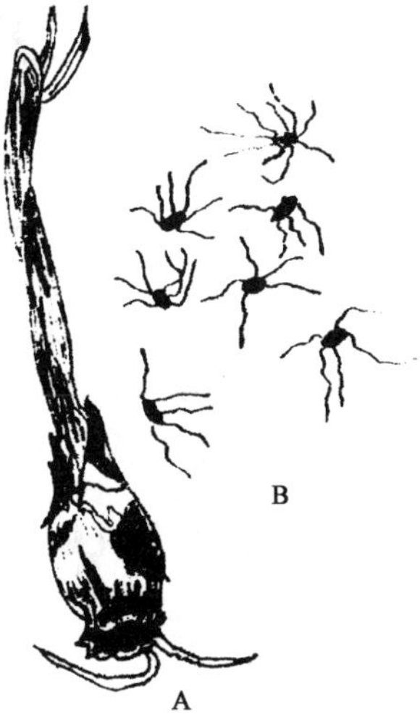

图6-6　鸢尾细菌性软腐病

A. 症状　B. 细菌病原

防治方法：加强栽培管理，实行轮作。及时清除病株并烧毁。避免灌溉水长时间浸渍植株茎基部。发病初期可喷洒农用链霉素1000倍液，发病后可喷洒100～150微升/升农用链霉素液。喷施杀虫剂防治地下害虫，以减少所造成的伤口，可以减少发病。

二、常见花卉虫害

（一）蚜虫类

种类繁多，常见危害花卉的主要有棉蚜、桃蚜、菊蚜、蔷薇蚜等。蚜虫在嫩叶、嫩梢、顶芽及花蕾上刺吸组织内养分，引起叶片变色、萎缩、卷曲，严重时枯萎，甚至整株死亡。蚜虫排泄物，使花卉生理功能受阻，同时又易诱发煤污病；通过刺吸发病植株传播病毒病等病害（图6-7）。

防治方法：在田间用黄色塑料板涂重油后诱粘；保护和利用食蚜虻、瓢虫、蚜蛳等天敌昆虫；药剂防治应选用对天敌无害的内吸性杀虫剂。在施药方法上可采取根施、涂茎等方法。可选择植物性药剂，如3%天然除虫菊酯、25%鱼藤精等，均可稀释为800～1200倍液喷洒，效果好，又安全；合成除虫菊酯，如溴氰菊酯、氯氰菊酯等，其有效含量多数是20%，可加水2000～3000倍，有快速击倒作用；40%乙酰甲胺磷，可用1000倍液；40%

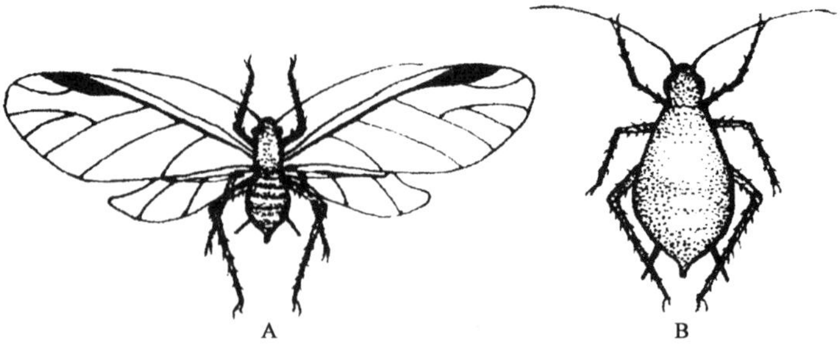

图 6-7　棉蚜

A. 有翅蚜　B. 无翅蚜

氧化乐果，可用 2000 倍液喷洒，或用 50～100 倍液涂茎。此外，盆花可用 3% 呋喃丹、15% 涕灭克在根际埋施。

（二）红蜘蛛（螨类）

以成虫、若虫在叶背刺吸植物体内养分，并有吐丝结网习性，被害叶片上常出现小黄白斑点，严重时叶片枯黄，早期脱落，有的还能传播植物的病毒病，对花木生长危害很大（图 6-8）。

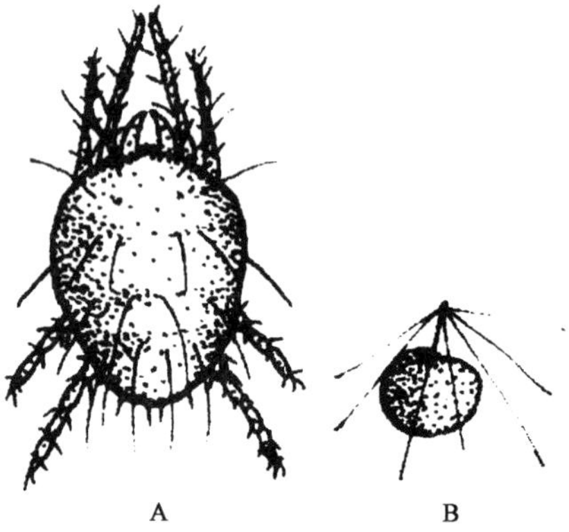

图 6-8　柑橘叶螨

A. 雌成螨　B. 卵

防治方法：搞好预测预报，发现虫害及时处理。少量害虫出现，应及时摘除叶片，集中烧毁，发生严重时及时喷药，可选择 40% 三氯杀螨醇 1000 倍液；40% 氧化乐果 1000 倍液；73% 克螨特乳油 1500～2000 倍液喷施。

（三）蚧类

种类多，分布广，常见危害花木的有吹绵蚧、盾蚧、蜡蚧等。通常以成虫、若虫群聚在茎、叶上吸取汁液，周年不停。虫口密度很高，常布满新梢幼枝。其排泄物黏污中下部叶面，严重时一片乌黑，致使植株长势衰退，枝叶萎黄，甚至整枝、整株枯死（图 6-9）。

防治方法：保护和利用天敌红点唇瓢虫和澳洲瓢虫、大红瓢虫等；及时剪除虫枝、虫叶，集中烧毁。药剂防治必须在初孵若虫期，喷洒 40% 氧化乐果 1000～1500 倍液，或 50% 马拉硫磷 1500～2000 倍液，以及 50% 杀螟硫磷、50% 久效磷 1000 倍液。

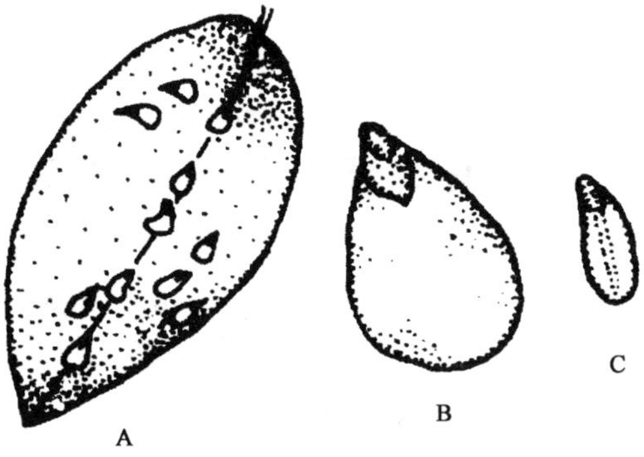

图 6-9　考氏白盾蚧

A. 寄生状　B. 雌蚧　C. 雄蚧

（四）温室白粉虱

俗称小白蛾。分布较广，危害多种花卉。此虫在华北不能露地越冬，在大棚、温室内可安全越冬。其幼虫一般都在叶背刺吸汁液，造成叶片发黄萎蔫，甚至死亡。同时排泄大量密露造成煤污，传播病毒（图 6-10）。

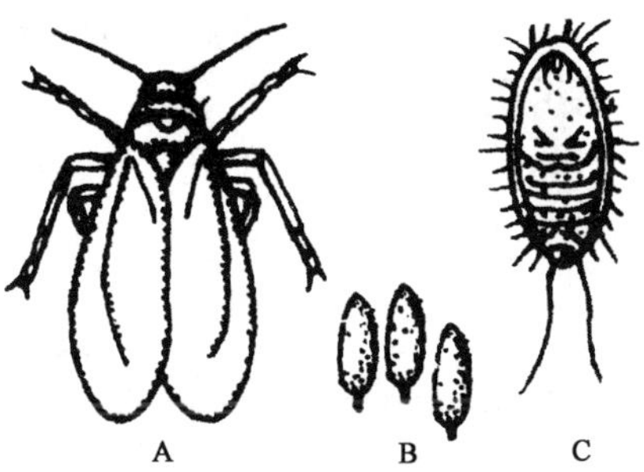

图 6-10　温室白粉虱

A. 成虫　B. 卵　C. 若虫

防治方法：利用白粉虱有强烈的趋黄习性，在发生区用黄色塑料板涂重油诱粘成虫。释放优势天敌丽蚜小蜂，也有一定效果。药剂防治可分别选择 2.5% 溴氰菊酯、10% 二氯苯醚菊酯、10% 扑虱灵乳油、40% 氧化乐果等喷施。由于白粉虱世代重叠，所以需要连续喷药 3 ~ 4 次，才能收到明显效果。

（五）蛴螬

又名白地蚕，是金龟子的幼虫，常见的地下害虫。可直接咬食花卉的根系，萌芽的种子与幼苗，并使根、土脱离而失水萎蔫，形成伤口，导致病害发生（图 6-11）。

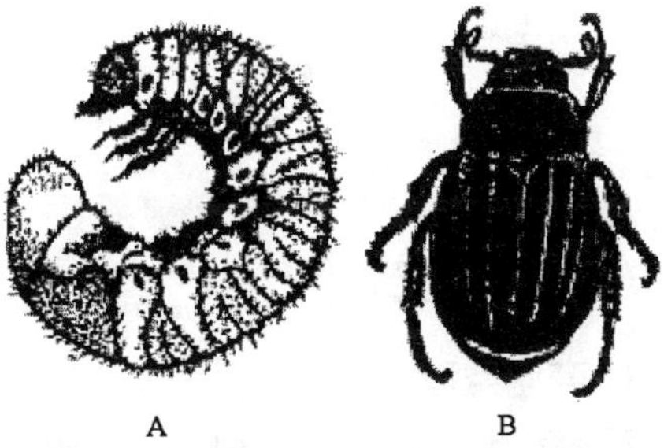

图 6-11　蛴螬

A. 蛴螬（幼虫）　B. 金龟子（成虫）

防治方法：苗床要深耕细作。施用充分腐熟的有机肥。用黑光灯诱杀趋光性强的成虫，同时可利用金龟子的假死性，进行人工捕杀。药剂防治可用50%辛硫磷乳油1000～1500倍液浇灌根际，触杀迅速，残效期长。

第四节　花卉病虫害防治的常用药剂

一、杀菌剂类

（一）五氯硝基苯

1. 商品类型

45%五氯硝基苯粉剂和70%粉剂，75%可湿性粉剂。

2. 防治对象

猝倒病、立枯病、灰霉病、白绢病等。

3. 使用方法

拌种用药按种子重量的0.2%～0.5%，对立枯病有良好防治效果。对土壤消毒按每亩[①]用药2.5～4千克，拌入适量细土，施入播种沟或播种穴内。

使用时应注意药剂要拌匀，否则影响效果。药剂不得与幼苗直接接触，否则易发生药害。

（二）百菌清

1. 商品类型

75%可湿性粉剂。

2. 防治对象

白粉病、霜霉病、黑斑病等真菌性病害。

3. 使用方法

一般用75%可湿性粉剂600～1000倍液喷雾，但不能与波尔多液、石硫合剂混用。

（三）多菌灵

1. 商品类型

25%和50%可湿性粉剂，40%胶悬剂及50%超微可湿性粉剂。

① 1亩=666.7平方米。

2. 防治对象

真菌性叶部病害和茎腐病、根腐病、土壤消毒。

3. 使用方法

可用50%可湿性粉剂1000倍液喷雾防治白粉病、黑斑病及其他真菌性叶斑病。用50%可湿性粉剂，按每平方米用量6～8克进行土壤消毒，可防治花卉植物幼苗猝倒病、立枯病。也可用500倍液灌根，防治根腐病、茎腐病等。

使用时应注意多菌灵不能与碱性药剂混用；长期连续使用易引起病菌产生抗药性，应与其他杀菌剂轮换使用。

（四）甲基托布津

1. 商品类型

50%或70%可湿性粉剂，40%胶悬剂。

2. 防治对象

白粉病、灰霉病、炭疽病、褐斑病、黑斑病等真菌病害。

3. 使用方法

常用50%可湿性粉剂700～1000倍液或70%可湿性粉剂800～1200倍液喷雾。

二、杀虫剂类

（一）杀螟松

1. 商品类型

50%乳油。

2. 防治对象

盲蝽、蚜虫、蚧虫、叶蝉、刺蛾、潜叶蛾等。

3. 使用方法

50%乳油1000倍液喷雾。石榴对此药敏感，易引起大量落叶，忌用。

（二）辛硫磷

1. 商品类型

50%乳油及5%颗粒剂。

2. 防治对象

蚜虫、叶蝉、蛴螬等。

3. 使用方法

50% 乳油 1000 ~ 1500 倍液喷雾可防治枝叶害虫。1000 倍液浇入土壤可防治地下害虫。也可用 5% 颗粒剂，每亩用量 2 ~ 2.5 千克。

使用时宜在傍晚用药。不可与碱性农药相混配。

（三）Bt 乳剂

1. 商品类型

可湿性粉剂、悬浮剂。

2. 防治对象

食叶害虫。

3. 使用方法

悬浮剂 500 ~ 800 倍液可防治刺蛾、天幕毛虫等多种鳞翅目害虫。

施药应喷布均匀。可与杀虫剂、杀螨剂相混配，但严禁与杀菌剂相混配。

三、杀螨、线虫类

（一）三氯杀螨醇

1. 商品类型

20% 、40% 乳油。

2. 防治对象

杀螨专用剂，对成螨、卵均有作用。

3. 使用方法

20% 乳油 800 ~ 1000 倍液或 40% 乳油 1000 ~ 1500 倍液，可防治朱砂叶螨、二斑叶螨等各种叶螨、锈螨及根螨的成螨、若螨及卵。

使用时喷雾要均匀，不要与碱性农药相混配。

（二）克线磷

1. 商品类型

5% 及 10% 颗粒剂

2. 防治对象

线虫及刺吸式口器害虫。

3. 使用方法

防治根结线虫，每亩用 10% 颗粒剂 1 ~ 2 千克，采用开沟、撒施的方法，并使土壤有较高的含水量，以利于药剂在土壤中均匀分布。盆花（盆径 20 厘米）用药量每盆 1 ~2 克。

（三）呋喃丹

1. 商品类型

3%、5%、10% 颗粒剂。

2. 防治对象

螨、线虫及刺吸式口器害虫。

3. 使用方法

3% 颗粒剂，草花地或苗床每亩施药 2 ~3 千克，采用沟施或穴施的方法，防治蚜虫、叶蝉、粉虱、红蜘蛛、根结线虫及地下害虫，效果显著。盆花每盆 3 ~20 克（视规格而定）。

本品为剧毒农药，只能作根际施药而不能喷洒，施药时必须严格遵守安全使用规则。

模拟测试题

一、名词解释

1. 花卉病害　2. 对内检疫　3. 生物防治　4. 真菌病害　5. 刺吸式口器

二、填空题

1. 花卉病害分为__________病害和__________病害两大类。前者是由于不适宜的__________所造成，后者是由于受到__________而引起。

2. 引起花卉病害的生物主要有__________、__________、__________、__________等。

3. 真菌病害在生病部位上表现出__________、__________、__________、__________、__________等症状，常见的病害有__________、__________、__________等。

4. 细菌病害表现为__________、__________、__________等症状，常见的病害有__________、__________、__________等。

5. 危害花卉害虫很多，其发育一般可分为完全变态，即__________、__________、__________、__________ 4 个虫期或不完全变态，即__________、__________、__________ 3 个虫期。

6. 生物防治在病虫害上的应用一般有__________、__________、__________等方法。

7. 化学药剂根据防治对象不同，可分为__________、__________、__________、__________、__________等。

8. 药剂的使用方法有__________、__________、__________、____、__________等。

9. 常用杀菌剂类有__________、__________、__________等。

10. 常用杀虫剂类有__________、__________、__________等。

三、判断题

1. 生理性病害是由于受到生物侵染而引起。（　　）

2. 细菌主要是从植物体表气孔、皮孔和各种伤口侵入花卉体内，引起危害。（　　）

3. 病毒是极微小的一类单细胞的低等生物。（　　）

4. 病毒病害表现为花叶、畸形等症状。（　　）

5. 植物检疫不是对一切病虫及杂草都进行检疫。（　　）

6. 白粉病危害的花卉，病部常出现锈黄色粉状病症。（　　）
7. 叶斑病为细菌病害。（　　）
8. 蚜虫排泄物，可诱发、传播煤污病、病毒病等。（　　）
9. 由于白粉虱世代重叠，所以需连续喷药。（　　）
10. Bt 乳剂可与杀菌剂相混配。（　　）
11. 蛴螬和金龟子都危害植物的根部。（　　）
12. 蚧虫危害植物是固定的枝干上，因此可以随时喷洒农药。（　　）
13. 不完全变态幼虫，称为若虫。（　　）
14. 昆虫的完全变态经过卵、幼虫、蛹、成虫 4 个生态。（　　）
15. 杀螨剂既能杀螨，也能杀害虫。（　　）

四、选择题

1. 下列植物病害属于病毒侵染引起的是____________。
   A. 杜鹃叶斑病　B. 大丽花花叶病
   C. 月季白粉病　D. 兰花炭疽病
2. ____________属于茎秆病害
   A. 水仙基腐病　B. 八仙花炭疽病
   C. 牡丹灰霉病　D. 凤仙花白粉病
3. 抓住蚧虫防治的关键时期是____________期。
   A. 越冬　B. 若虫孵化　C. 蜡质形成　D. 成虫
4. 锈病类病部常呈现____________病症。
   A. 白色粉层　B. 褐色斑点　C. 花叶　D. 锈黄色粉状
5. 防治红蜘蛛可选择____________喷施。
   A. 20% 粉锈宁乳油 2000 倍液
   B. 65% 代森锌可湿性粉剂 500 倍液
   C. 50% 辛硫磷 1000 ~ 1500 倍液
   D. 40% 三氯杀螨醇 1000 倍液

五、简答题

1. 引起生理性病害和侵染性病害的原因是什么？
2. 咀嚼式口器的害虫对花卉有何危害？
3. 刺吸式口器的害虫对花卉有何危害？
4. 预防为主，综合防治的基本内容是什么？
5. 花卉病虫害防治的基本方法是什么？
6. 药剂施用中应注意哪些？
7. 叶斑病类的防治方法有哪些？

8. 介壳虫的防治方法有哪些？

9. 简述真菌病害。

10. 简述呋喃丹的防治对象及使用方法。

模拟测试题答案

一、名词解释

1. 花卉病害：花卉在生长发育过程中，因受有害生物的侵染和不良环境的影响，使其在生理上和外部形态上，都发生一系列的病理变化，致使花卉的品质和产量下降，这种现象称为花卉病害。

2. 对内检疫：由各省（直辖市）、自治区检疫机关会同有关部门，根据政府公布的对内检疫条例和检疫对象执行检疫。

3. 生物防治：利用自然界生物间的矛盾，应用有益的生物天敌或生物的代谢产物，来防治病虫害的方法。

4. 真菌病害：由真菌引起的病害。

5. 刺吸式口器：取食液体食物的为刺吸式口器。

二、填空题

1. 生理性、侵染性、环境条件、生物浸染

2. 真菌、细菌、病毒、线虫

3. 白粉、锈粉、煤污、斑点、腐烂、白粉病、黑斑病、锈病

4. 溃疡、萎蔫、畸形、细菌性根癌病、穿孔病、软腐病

5. 卵、幼虫、蛹、成虫，卵、若虫、成虫

6. 以菌治病、以菌治虫、以虫治虫

7. 杀菌剂、杀虫剂、杀线虫剂、杀螨剂、除草剂

8. 喷雾、喷粉、种子处理、土壤消毒、制成毒土

9. 五氯硝基苯、百菌清、多菌灵

10. 杀螟松、辛硫磷、Bt 乳剂

三、判断题

1. × 2. √ 3. × 4. √ 5. √ 6. × 7. × 8. √

9. √ 10. × 11. × 12. × 13. √ 14. √ 15. ×

四、选择题

1. B 2. A 3. B 4. D 5. D

五、简答题

1. 答：引起生理性病害的原因是由于不适宜的环境条件所造成。侵染

性病害是由于受到生物侵染而引起。

2. 答：主要造成花卉组织机械损伤。取食花卉叶片的害虫，常造成叶片缺损，或吃去叶肉组织，仅留下网状叶脉，甚至将叶片全部吃光，蛀食茎干、果实和种子的害虫，往往使表面造成孔洞，在内部形成虫道。潜伏在叶片表皮间取食的害虫，在叶内留下蛇形虫道，常使叶片枯萎、早落。取食播种后的种子、幼苗根茎、球茎、鳞茎等花卉地下组织的害虫，常造成缺苗，或幼苗倒伏，或整株枯死。

3. 答：被害部位形成退色斑点，或引起组织畸形，削弱植株生长势。

4. 答：预防为主，就是根据病虫害发生规律，抓住薄弱环节和防治的关键时期，采取经济有效、切实可行的方法，将病虫害在大量发生或造成危害之前，予以有效控制，使其不能发生或蔓延，以保护花卉免受损失或少受损失。

综合防治，是以良好的栽培技术为基础，根据病虫害发生规律，因地制宜，合理地协调，应用生理、物理、化学等防治措施，达到经济、安全、有效地控制病虫害的发生，将其造成的损失减少到最低水平。

5. 答：(1) 严格执行植物检疫法规。(2) 园艺栽培技术防治：选用抗病虫的品种；合理的水肥管理；实行轮作和合理配植；培育无病虫害的壮苗；加强生产场所的卫生。(3) 生物防治。(4) 物理防治。(5) 药剂防治。

6. 答：(1) 对症下药；(2) 掌握用药时机；(3) 交替用药；(4) 安全用药。

7. 答：栽培管理加强通风、透光、及时清除病叶病株，减少侵染病源。药剂防治可用 80% 代森锰锌可湿性粉剂 400 ~ 600 倍液，或用 50% 克菌丹可湿性粉剂 400 ~ 500 倍液，也可用 50% 多菌灵可湿性粉剂 600 ~ 1000 倍液喷雾。

8. 答：保护和利用天敌红点唇瓢虫；及时剪除虫枝、虫叶，集中烧毁。药剂防治可在初孵若虫期，喷洒 40% 氧化乐果 1000 ~ 1500 倍液，或用 50% 马拉硫磷 1500 ~ 2000 倍液。

9. 答：真菌病害是由真菌引起的。它们主要借助风、雨、昆虫或花卉的种苗传播，通过花卉植物表皮的气孔、皮孔等自然孔口和各种伤口侵入体内，也可直接侵入无伤表皮。在生病部位上表现出白粉、锈粉、煤污、斑点、腐烂、枯萎、畸形等症状。

10. 答：呋喃丹可防治螨、线虫及刺吸式口器害虫。使用方法是：3% 颗粒剂，草花地或苗床每亩施药 2 ~ 3 千克，采用沟施或穴施的方法，防治蚜虫、粉虱、红蜘蛛、根结线虫及地下害虫效果显著。盆花依规格每盆 3 ~ 20 克左右。本品为剧毒农药，只作根际施药。

第七章

花卉的应用

本章提要：介绍花卉在花坛、插花艺术、室内装饰中的应用特点、形式、方法及其有关设计、施工、制作的基础知识。

学习目的：掌握花卉应用中的基础知识，培养和提高花卉应用的基本能力和操作技能。

第一节　花　坛

一、花坛的概念

花坛是一种古老的花卉应用形式，源于古罗马时代，16 世纪在意大利的园林中广泛应用，17 世纪在法国凡尔赛宫的应用达到高潮。在我国早期的古典园林中，花卉观赏以花台居多，有的一直保留至今。如颐和园仁寿殿庭院北侧的曲形阶梯式的牡丹台，花坛面积虽小，但却能起到“锦上添花”、“画龙点睛”的作用。

随着东、西方文化交流的增多，西方规则式的多种花坛形式逐渐传入我国，特别是几何形状的模纹花坛，对我国影响较大，应用的时间也较长。

新中国成立后，花坛的建设受原苏联的影响较大，特别是西方规则式园林的渗透，对称的、几何形状的花坛大量发展，规模也逐渐变大。花坛不再仅仅是园景中的点缀品，而逐渐发展成为主景。这一时期的花坛可概括为：“在一定范围的畦地上，按照一定形式的图案栽植观赏植物，以表现花坛群体美的园林设施”。

随着国民经济的蓬勃发展和科技的进步，特别是改革开放以来，国际间文化交流日趋广泛和频繁，东方古典园林与西方现代园林的不同观点、思维、理念交织在一起，使人们对环境和园林景观的认识不断更新，从而促进了我国园林事业尤其是花坛的发展。花坛的形式、内容和涵义不断扩大。随着大量新优植物材料的不断推出，最新科技成果的应用，花坛设计制作的水平有了新的飞跃。花坛不仅成为园林建设的重要组成部分，而且成为现代化城市繁荣和文明的象征，呈现出鲜明的时代特征，具有推动政治和经济改革的特殊作用。

二、花坛的功能

（一）观赏功能

花坛是美的艺术。由多种色彩的花卉构筑而成的花坛千姿百态、色彩绚丽、气氛热烈、主题鲜明，配置在广场上、街道旁、纪念馆前、水系四周、建筑物空隙间，同环境形成艺术、色彩、格调、形式的协调统一，加上植物生长发育的变化，水、声、光、电的配合，已成为城市的重要观赏景观，其观赏价值极高。

（二）宣传功能

花坛设计鲜明的主题思想，生动活泼的造型，特别是花坛中的标语、标志，常是国家、民族文化的象征，政治和经济工作中心的反映。如“迎接香港回归祖国”、“庆祝党的十六大胜利召开”等主题花坛，其宣传功能十分明显。1990 年北京第 11 届亚运会期间，天安门广场上用红色一串红和黄色菊花组成主题为“歌颂伟大祖国”、“可爱的中华”的花坛，歌颂了在党的领导下，中国体育事业的飞速发展和全国人民的爱国主义精神。具有花中之王的大型牡丹花图案及围绕其周的 11 个小花坛象征着第 11 届亚运会即将召开。用五色草组成的亚运会吉祥物“熊猫盼盼”高举花束和奖牌，突出了亚运会的主题。

（三）装饰作用

花坛由过去的点缀作用发展至今，已成为城市园林中的主景。当然，在特定的环境下，也可作为衬景，起装饰作用。如配置在已构成主景的雕塑、纪念性建筑、大型喷泉、高大建筑等周围的花坛，其大小、形体、色彩等应与主景相协调，而且要富于变化，可以起到很好的装饰作用。

（四）烘托节日气氛

近 20 年来，北京国庆节日花坛年年有新意，不断创新，为节日的北京锦上添花，给世界人民向往的北京增添了无限魅力。全国城乡，特别是大、中城市，每逢节日也都要布置各式花坛，具有浓郁而热烈的欢庆气氛。

三、花坛的分类

（一）依花坛的功能地位分类

1. 主景花坛

形成独立景点或景观，有明确的主题思想，常构成景观中心的花坛。如广场、主干道两旁、交叉路口、大型建筑物门前等空间较大处的花坛，这类花坛一般使用的植物材料较多，设计较为复杂，以立体花坛居多。

2. 衬景花坛

主要起背景、衬托或点缀作用的花坛。一般面积较小，或布置手法相对较为简单。如配置在宣传牌、广告牌、雕像或其他特殊建筑物前面或周边的花坛。

（二）依花坛的表现形式分类

1. 造型花坛

以植物材料为主体，塑造出各种相对独立存在的景物，如花堆、花丛、花带、花柱、花球、花钵、花车、花环、花台、花篮、花塔、花树、花钟、花拱等，从而收到较高的艺术效果和观赏效果。

2. 造景花坛

以造型花坛为基础，根据主题思想，利用多种植物材料，有时还借助环境塑造出较大型的园林景观。花坛形体较大，设计和施工较为复杂，常形成景观中心，一般设置在广场和交通要道。

（三）依花坛布置形式不同分类

1. 花丛式花坛

又称集栽花坛。将几种不同种类、不同高度及色彩的花卉栽植成花丛状，中间高，四周低，以供全方位观赏；或者前低后高，供单方面观赏。这种花坛不要求种类繁多，而力求图样简洁，轮廓鲜明。同一花坛内栽植几种花卉时，它们之间界限必须明显，相邻的花卉色彩对比一定要强烈，高矮则不能相差悬殊。

2. 模纹式花坛

又称毛毡花坛、镶嵌花坛（图 7-1）。是利用各种不同色彩的花卉组成平面图案，可以显示出较细致的花纹，状如毛毡。应经常进行修剪，以保持花坛图案的纹样清晰和整齐美观。依形式又可分为立体花坛、平面花坛和沉床花坛。

图 7-1　模纹式花坛

3. 标题式花坛

利用植物的花和叶形成多种文字和图案，包括文字花坛、肖像花坛和象征图案花坛等。

（四）依花坛之间关系的不同分类

1. 独立花坛

作为园林局部构图的一个主体而独立存在，具有几何形轮廓。通常布置在建筑广场的中央，道路的交叉口。其平面外形为对称的几何形，有单面对称和多面对称之分，它的长轴与短轴的差异一般不大于1∶3。因其表现的内容主题及材料的不同，可以是花丛式、模纹式、混合式等花坛形式。

2. 花坛群

许多个花坛组成一个不可分割的构图整体，称为花坛群（图 7-2）。其排列组合是规则的。单面对称的花坛群，是许多花坛对称排列在中轴线的两侧，这种花坛群的纵轴和横轴交叉中心，就是花坛群的构图中心。独立花坛可以做为花坛群的构图中心，水池、喷泉、纪念碑或装饰性的雕塑也常用于构图中心。

花坛群宜布置在大面积的建筑广场中央，大型公共建筑的前方或是规则式园林的构图中心。花坛群内部的铺装场地及道路，是允许游人进入活动的，大规模的铺装花坛群内部还可以设置座椅、花架以供人休息。

3. 带状花坛

宽度在 1 米以上，长度比宽度大 3 倍以上的长形花坛，称为带状花坛。在连续风景构图中可作为主体来运用，也可作为观赏花坛的镶边、道路两

图 7-2　花坛群

侧、建筑物墙基的装饰。

（五）依花坛使用的主要植物材料分类

1. 一、二年生草本花卉花坛

以一、二年生草本花卉为主体组成的花坛。此类花坛可使用的花卉品种多，色彩多鲜艳，花期较一致，开花季节往往可以达到五彩纷呈、生机盎然的效果。

2. 宿根花卉花坛

以宿根花卉为主体组成的花坛。这类花坛的最大优点是花卉一次种植后，可连续多年生长开花。花期观花，生长期观叶、果。如果配置恰当，管理及时，不同的物候期均可达到良好的观赏效果。

3. 球根花卉花坛

以球根花卉为主体组成的花坛。这类花坛一年仅开一次花，但多是花色艳丽，花期较长，如美人蕉、大丽花、郁金香花坛等。

4. 混合花坛

由多种草本和木本观赏植物组成的花坛。这类花坛把多种植物的观赏期集中在同一时期，色彩丰富，景观壮丽，可以收到较好的观赏效果。

（六）依花坛的空间位置分类

1. 平面花坛

包括花丛花坛和模纹花坛，是使用最广泛的形式，适用于具有广阔空间的场所。平面花坛的高度基本与地平面一致。为了观赏和管理的方便，常常使花坛与地面呈30°以下的角度，这样既有利于排水，又有利于观赏花坛的整体。这类花坛多有边缘轮廓，且多采用规则的几何形状。

2. 斜面花坛

斜面花坛多为一面倾斜状，花坛的形状和面积依设置地点的实际情况而定。花坛的倾斜度不可过大，否则难以保持花坛的整体稳定感和持久性，遇雨或浇水时会造成对花坛的冲刷。如果摆放盆花，则花坛受坡度和地形的影响较地栽小，因而近年来应用相当普遍，特别是在景观条件较差的地段使用更为理想。

3. 台阶花坛

多设在楼前或大门台阶人行街道的两侧，层层向上，有斜面与平面的交替，具有装饰性，色彩和姿态变化较多。

4. 高台花坛

为了突出花坛中心地位作用，可设置高于地面的花坛。具体形状、大小、高度依需表达的主题思想、周围景观和地形而定。有时为了分隔空间或为了隐蔽某些建筑物，或为了某种格调的需要，也常设置高台花坛。

四、花坛设计的要点

（一）确定花坛的主题思想和基本形式

花坛设计需有其设计的主题思想，所谓主题思想，就是用什么艺术手段达到何种宣传目的和观赏效果。塑造任何一个花坛，都必须先有设计主题思想，进而确定花坛的形式，然后确定所采用的艺术手法，是造型还是造景，运用哪些植物材料，是否需要模型和其他非植物材料，如何配置、施工和管理等。主题思想和基本形式的确定决定了花坛的寓意、形式、规模和投资。

（二）花坛布置的形式和环境的统一

花坛是园林中布置的景物之一，其布置必须从属于整个空间的安排。如在自然式布局中不适合用花坛，即使要用也要采用自然式花坛。作为主景的花坛，在各方面都要突出一些，可以丰富多彩。构图中心为装饰性喷泉或群雕等，花坛就是配角，图案和色彩都要居于从属地位，布置简单，以充分发挥陪衬主体景物的作用，不能喧宾夺主。在建筑物前，要与建筑体型大小成比例，不宜过大或过小。大型建筑物前的花坛宜采用花坛群组合形式。外形要与环境的线条协调，在交通干线交叉路口处的花坛，应以圆形为好，便于疏导车辆绕行。城市高大建筑物前常有方形广场，花坛也以直线条的方形、长方形为宜。

（三）花坛材料的选择

用于花坛的植物材料，应选择那些植株较为低矮、株形整齐、株丛紧密挺拔、色彩艳丽、花期又相对集中的种类，如果兼有花期较长的优点就更为理想。花丛式花坛以色彩构图为主，宜选花朵繁茂的一、二年生草本花卉，如百日草、一串红、美女樱、矮牵牛、翠菊、鸡冠花、三色堇、金盏菊、金鱼草、紫罗兰、石竹类等。也可以将一些宿根、球根类和木本花卉配植其中央；模纹花坛以表现图案为主，多选用低矮紧密和株丛较小的花卉，如五色苋、三色堇、半支莲、香雪球、彩叶草、石莲花、地被石竹等。也可在其间按花纹需要镶入草皮或彩色石子，使图案色彩变化更加丰富。这种花坛内花卉的株高一般都控制在 10 ~20 厘米。

为了提高观赏效果，延长观赏期，在特殊的地段、特别的形式中，可使用非生物材料装饰。但由于非生物材料没有变化，缺乏生气，仅在特定情况下使用。

除了非生物材料，为适应各种造型和造景的需要，园林部门相继研究和开发出卡盆、花架、花钵、花塔等多种容器材料，与此相适应的花坛构架也相应作了改进，这些均可在设计中选择应用。

（四）重视色彩在花坛中的运用

根据不同环境、用途、需要和季节进行花坛色彩设计。总的说，要求相临近的品种色彩对比明显，轮廓清晰。还要根据环境气氛的不同，使用不同的色彩搭配。一般在广场中心、交叉路口，可用强烈对比色，使重点突出，视线焦点集中，以发挥画龙点睛的作用，如用红与白色、紫与黄色相搭配。在幽静的小径两侧，供人游憩的草坪边缘，花色搭配则应给人以轻松愉快的感觉，如用淡蓝、白、黄色相间搭配，或用大面积的蓝、白、黄色加少许的紫、橙等色。色彩配置要有主宾之分，主色在体量和种植面积上要有优势，各色可不均一。同一花坛色彩不宜过多过杂，大面积用 3 ~5 种颜色为宜，小面积用 1 ~3 色即可。同类色相的近似色有协调柔和感，但缺乏生气，对比色比较活泼有动感，如果应用过多则显杂乱。节日的花坛宜以红、黄色系暖色调的花卉为主，红、黄色的搭配传达给人们的是兴奋、喜庆、欢快的情绪。白色、紫色和其他冷色调的花卉具有衬托、分割、突出色彩的作用。即便使用大量冷色调的花卉，也要以暖色调的花卉加以渲染才更有生气。花色要随季节调整，春季可以红、黄、橙、粉等暖色为主；夏季应以青、紫、白等冷色为主；秋季为成熟的季节，应以黄、橙色为主。

五、花坛的施工

花坛必须符合设计要求。施工前要按设计要求进行材料、场地、人工等的准备，并制定相应的保证落实措施。

（一）准备工作

1. 土壤的准备

种植表土层宜用疏松、肥沃、富含有机质的培养土，土壤中应清除杂物。对不利花卉生长的土壤必须用培养土加以更换改良，严禁土壤中含有病菌或对植物、人、动物有害的有毒物质。

2. 花卉材料的准备

花坛植物最好是盆栽育苗，将近开花时移为地栽。花卉应符合下列质量要求：

（1）植株直立不易倒伏，主秆矮，具有粗壮的茎秆。基部分枝强健。根系完好，分蘖者具3～4个分杈。

（2）植株无病虫害和机械损伤。

（3）花蕾露色，开花及时，用于花坛时能体现最佳效果。观赏期长，在花坛中有效观赏期能保持40天以上。

（4）花卉植株的类型标准化，如花色、株高、开花期等的一致性。

3. 花坛栽植床的准备

为了突出地表现轮廓变化和避免游人践踏，花坛栽植床一般都高于地面7～10厘米，为便于排水，还可以把花坛中心堆高形成四面坡。种植土厚度视植物种类而异，种植一年生花卉为20～30厘米，多年生花卉及灌木为40厘米。为防止花坛内土壤因冲刷流出而污染路面，花坛边缘可用一些建筑材料围边，一般高度为10～15厘米，厚度为10厘米左右。

（二）花坛花卉的种植

1. 整地

按花坛设计要求的地形、坡度进行整地，做到表土平整，保证排水良好。

2. 种植

严格按设计要求放样。栽植时，花丛花坛应从中间向外栽植，单面式花坛应自后向前栽。移栽时要保持土球的完整。毛毡花坛应先栽图案的边线，然后再栽图案的内部。花苗种植深度以原生长在苗床、花盆或容器内的深度为准，不可种植过深。栽植后应充分压实，覆土平整，充分浇（喷）水，并做好日常养护管理工作。

将花卉栽植高度搭配得当，是使群体整齐的关键。一般供四面观赏的，应该将植株较高的、生长较快的品种栽植在中心部位，依次向四面栽植株较矮、生长较慢的品种。供一侧观赏的，应将植株高的、生长快的品种栽在后面，将植株矮的、生长慢的依次向前成斜面排列。植株高低之间的差别不宜悬殊。

实行群体栽植必须根据花卉种类调节株行距。初栽时栽植过稀，植株缓苗以后会使地面暴露，短期内达不到丰满茂盛的艺术效果。初栽时过密，会使花卉没有继续生长的余地，造成以后植株拥挤、通风透光不良，而发生黄叶以至霉烂现象。因此，实行群体栽植必须将株行距控制得当。一般春季用的雏菊、三色堇、金盏菊等，要求株高 15 ~ 20 厘米，株行距为 10 ~ 15 厘米。夏秋季用的鸡冠花、凤仙花、一串红、石竹等，要求株高 30 ~ 40 厘米，株行距为 15 ~ 25 厘米；早菊、矮翠菊植株高度一般为 30 ~ 40 厘米，株行距可为 25 厘米；五色草要求株高在 8 厘米左右，株行距为 4 ~ 5 厘米。其他花卉的株行距可参考上述要求酌定。

第二节　插　花

插花是以切取植物可供观赏的枝、叶、花、果、根作为素材，插入容器中，经过一定的技术和艺术加工，重新配置成一件精致美丽、富有诗情画意、能再现大自然美和生活美的花卉艺术品，故称其为插花艺术。

插花属于造型艺术，具有时间性强、随意性强、装饰性强等特点；插花作品被称为富有生机的艺术品，独具自然花材绚丽的色彩、婀娜的姿容、芬芳而清新的大自然气息。插花艺术是最接近生活环境，最容易被人们所接受的一种美化方式、一种艺术修养及文化娱乐活动。

一、插花的种类

（一）依花材性质分类

1. 鲜花插花

采用具有生命力，具观赏价值，不污染环境，无异味的花、枝、叶、果作插花材料。它富丽高雅，充满了自然美的情趣，最易表现出强烈的艺术魅力。其缺点是水养持久性不长，在暗光下效果不好。

2. 干花插花

采用经过脱水、加工后的自然植物材料为花材的艺术品。干花既不失原有植物的自然形态美，又可随意染色。插作后经久耐用，管理方便，同时不受采光限制，暗光下也可应用。其缺点是怕潮湿环境。

3. 人造花插花

所用花材是人工仿制的各种植物材料，有绢花、涤纶花、水晶花、塑料花等。品种丰富，色泽艳丽，管理简便，是室内装饰和馈赠的高雅艺术品。其缺点是缺乏活力和大自然气息。

（二）依使用目的分类

1. 礼仪插花

用于各种庆典仪式、迎来送往、婚丧嫁娶、探亲访友等社交礼仪活动中的插花。造型整齐简洁，花色鲜丽明快，体形较大，花材较多，插作繁密。常用的有各种花篮（图7-3）、花环、花束（图7-4）、花钵（图7-5）、桌饰（图7-6）、新娘捧花、胸花等形式。

图7-3　花篮

2. 艺术插花

用于美化、装饰环境和艺术欣赏、活跃文化娱乐活动而用的插花（图7-7、7-8）。它要求有明确的主题。在花材选择、设计构思、造型与布局方面有较高的要求。可以制成花束或用瓶、盘、篮等容器插花。

图 7-4　花束

图 7-5　花钵

图 7-6　桌饰

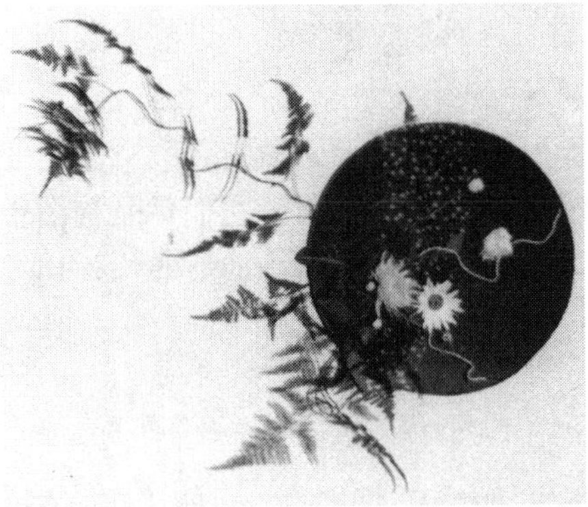

图 7-7　艺术插花

图 7-8　艺术插花

（三）依艺术风格分类

1. 东方式插花

以中国和日本的插花为代表，多为自由式。融汇着东方绘画、园林造型的美，造型自然，注重线条的意境美，常常给人以端庄、娴静、潇洒、轻快、活泼之感。一般取材少而精，作品层次分明，色彩淡雅。崇尚自然，讲究意境，习惯将花材人格化，寓示插花作品深刻的内涵。

2. 西方式插花

以欧美插花为代表，多以对称构图为主。色彩艳丽，气氛热烈，呈现浓烈的色彩造型。采用的花枝数量较多，但排列有序，层次分明，充分体现作品整体色彩和造型的美，具有较强的装饰性。

二、插花材料及处理

（一）插花的花材

切花是指从植物体上剪切下来的花朵、花枝、果枝、叶片以及干枯枝条等的总称。它们都是插花用的素材，亦称花材。花材是插花的重要组成部分，是作者用以表达情感、意图的传递者，它常常反映了创作者的精神面貌和艺术风格。所以，花材的选用十分重要。

1. 线状花材

外形呈长条状和线状的花材叫线状花材。可分为直线形、曲线形、粗线、细线、刚线、柔线等多种形态，各具不同的表现力，在构图中常起骨架作用，也常是决定作品比例高度的主要花材。许多线状花材在艺术插花中还常起活跃画面的作用。常用的线型花材有唐菖蒲、紫罗兰、迎春、连翘、蛇鞭菊、天门冬、银芽柳等。

2. 团块状花材

外形呈较整齐的圆团状、块状的花材叫团块状花材。它们常是构图中的主要花材，多作插花中的主花、焦点花，在插花中起着中心或润饰作用。花或花序呈圆团状或块状的主要有月季、牡丹、芍药、菊花、百合、郁金香、香石竹、非洲菊、鸡冠花等。

3. 特殊形花材

花形不规整，结构奇特别致的花材，叫特殊形花材，也叫无定形花材。此类花材多为花大色艳、形奇而美观的高档花材，在构图中常作焦点花用，成为观赏的主要部分，如鹤望兰、马蹄莲、卡特兰、红鹤芋等。

4. 散状花材

指由许多简单的小花朵构成星点状蓬松轻盈的大花序状的花材。由于它们形如云雾或轻纱，常散插在主要花材之表面或空隙中，起烘托、陪衬的填充作用，增加层次感，是婚礼用花不可缺少的填充花材，如霞草、勿忘我、孔雀草、补血草等均是优良的散状花材。

5. 叶材

扶持、衬托花的绿色枝叶。凡叶形奇特、叶色艳丽或青翠的叶片均可采用，如苏铁、棕榈、龟背竹、一叶兰、富贵竹、花叶芋、针葵、散尾葵、文竹、常春藤、蕨类等。

6. 果材

凡果实形态奇特有趣，色泽鲜艳，具芳香，或经久不凋的品种均可采用，如南天竹、火棘、冬青、佛手、石榴、五味子及松、杉类的果均可作插花中的果材。

7. 枝茎材

凡是姿态优美、古朴、色彩独特的茎枝均可采用，如红瑞木、枸骨、梅、松、龙爪柳、枣、佛肚竹等。

（二）花材的造型与弯曲

现代插花中，如礼仪插花和自由式插花，常将许多衬叶修剪加工成各种形状，以满足构图的需要。有时衬叶过大、过长，或形状呆板，缺少变化，也需进行修剪和加工造型。常采用的方法有：将叶尖和叶基部相连，中间顺叶脉方向撕成数条状；用铅丝或大头针将叶片卷曲后固定；将叶片打结；将叶片折成各种角度或叠成波状；顺叶脉方向将叶片卷起；将叶片修剪成圆形、扇形、尖形等。

花材弯曲的技艺是东方式插花中常采用的方法。它是将直立的枝条，依靠人工的手法将其弯曲。要求弯曲度自然。根据花材不同的特性，采用不同的方法。弯曲的限度根据插花造型要求而定，但原则是不能造成花材的损伤。硬枝弯曲，需用两手拿着枝条，手臂贴着身体，大拇指压着需要弯曲的部位，慢慢地用力向下弯曲。对于不易弯曲的粗硬枝条，可先切割弯曲部位的背面，然后慢慢地用力向下弯曲。个别粗枝部位，可在切口塞入木楔，固定弯曲度，有的枝条可用细铅丝扎缚枝梢，另一头扎在枝条基部或中部，形成弯曲度，但花叶应尽量遮住铅丝。草本枝条可用揉弯法，即在需要弯曲的花梗或叶柄处，用手从上到下慢慢揉擦，直至弯曲。这类方法一般用于含水量高的花茎或叶柄，如马蹄莲、水仙花、文殊兰、非洲菊等。对于枝条质脆的花材，如南天竹、柳枝等，可先在酒精灯或蜡烛上微烤一下再进行弯曲，弯曲后立即投入冷水中加以定型。

（三）花材的加固与固定

1. 花材的加固

插花操作过程中，往往会遇到花材枝条过细、过短，或不能直立的情况，因此需加长、加固后才能使用。一般多借助细铅丝、绿色胶条加固花材。使用铅丝的规格为 24、26、28 号，号越大，其铅丝的直径越细。使用的方法有以下几种：

（1）缠绕法　用胶条或铅丝缠绕一枝或多枝花、叶，使其增加硬度或结合在一起。

（2）横向穿刺法　用铅丝从花萼或子房一端穿出到另一端，然后将铅丝顺花枝方向垂下。

（3）十字交叉法　将两条铅丝作“十”字形交叉固定的方法。交叉穿入花萼或花筒的基部后，顺花枝方向垂下。

（4）插入法　将铅丝自花茎的下方，向上穿入花茎直到花芯，使花茎加固或弯曲。铅丝穿进花茎的长度由欲使花枝弯曲程度来决定。

（5）小钩固定法　在铅丝的一端3厘米处弯成一小钩，将无钩的一端自花芯中心部分穿过，通过花茎，然后慢慢向下方拉，使之不见铅丝为度。

（6）发夹法　将铅丝弯成“∩”状穿入。多用于花中心成筒状的花材或复叶的叶片。

绿色胶条是为插花制作特制的胶带，宽度约1厘米，可用来包裹花枝或铅丝，使花枝牢固或更趋于自然。

2. 花材的固定

（1）瓶花　对于瓶口较小的器皿，花枝可借助花枝末端与瓶壁各部分相支撑而固定。而对于瓶口较大的瓶可采用小于瓶口的横木成“一”字、“十”字、“井”字、“r”字、“米”字等形状加以固定，也可投入花泥、卵石、铅丝团等物加以固定。

（2）盘花　一般采用剑山来固定花枝。剑山是由金属制作，较重，底部平坦，具有稳定性，上面有整齐排列粗细、疏密不同的针刺，它们的形状多样。根据花枝的粗细、多少来选用适当形状及针刺疏密度合适的剑山。剑山可以单一或相交错使用。

（3）花篮、花圈、花环　多用花泥固定花枝。

（4）组合盆艺插花　多用剑花筒来固定或升高花材的高度。剑花筒一般是金属或塑料制成，上部为圆形、漏斗形的杯状，下部是一根细长、坚硬的针状物。它的规格有长有短，剑筒内放花泥或剑山，将花枝插入，将剑筒插于插花内。

三、插花容器、工具材料及配件

（一）插花容器

供插花使用的容器也叫花器，我国古代还称其为“金屋”、“大地”，将其比作鲜花的居室。容器在插花中不仅能够盛放、支撑和保养花材，而且它本身就是插花作品构思、造型的一部分，特别是在东方式插花中，有着举足轻重的作用。如果容器借用得好，可使作品立意新颖，形象生动。花器的形、色及质地等，常常决定了作品的主题表现、体量大小和色调的气氛。但花器与花材相比，它毕竟是配角，应与花材协调一致，烘托花材之美，而不能喧宾夺主。对于鲜花插花来说，凡是能盛水以满足花材水养要求的任何器皿都可以用来插花，除了正规的花瓶、花篮之外，生活中有许多东西都可以利用。从质地上讲，不管是陶瓷的、玻璃的、木制的、金属的或塑料的，皆可使用。从形状上讲更是多种多样，但归纳起来，可分为四大类：一类是高身、小口的瓶类容器，如各种花瓶、长筒、长管等；另一类是浅身宽口的盘类容器，如笔洗、水仙盆、浅盆等；再一类容器的高度介于前两者之间，如小缸及一些口较宽较深的碗、盆之类的容器；最后一类为篮类容器。

插花容器底部要平整，插作后摆放稳定，不易倒伏；瓶类容器的开口要大小适宜，开口太小，插入花材后，容易堵塞瓶口，使容器内的水因空气不流通、闷热而导致腐败，缩短花材水养时间，影响插花寿命及观赏效果。开口过大，则不易固定花材，不宜选用。盘类容器的深浅也要适宜，如果过浅，水不能浸过花插，花材吸不上水，也不宜选用。容器的形状、风格、颜色和质地都应与花材和周围的环境条件协调统一，忌选用鲜艳夺目、雕花挂彩、形状繁杂的容器，通常以简洁大方、素雅稳重者最为合适。

（二）工具材料

一般插花所使用的工具材料有：剪枝剪、窄长刀身的小刀、小手锯、老虎钳、小型喷雾器、水桶、花插、花插筒、花泥、吸水海绵、瓶口支架、宽丝带、铁沙网、刮刺剪、绿胶带等。

（三）配件

配件是插花作品的点缀物。为了突出主题，烘托意境，或活跃画面，或呼应和均衡构图，使布局更为统一，常常在作品旁增添一些小型工艺品或瓜果、花瓣等作陪衬。所有这些点缀物、陪衬品都是配件。配件选用得体和巧妙，就会使作品主题的表现更为深刻有力和完美，起到画龙点睛的作用。但是配件使用一定要与作品的主题、造型、色彩等相呼应，协调统一，点缀恰到好处，切不可滥用，否则就会破坏作品的主题和意境，或起喧宾夺主的副作用。

四、东方式插花的基本技巧

（一）艺术插花的立意

1. 根据植物传统象征立意

古往今来，人们常根据自然植物本身固有的属性、特征，赋予其各种品质、性格，使不少树木花草富有象征意义而被人格化，以表达人们的追求和向往。如松象征刚强、威严和长寿；梅象征坚韧、孤高、不畏强暴的气节；菊傲寒凛霜，象征高雅、长寿；兰象征超尘脱俗；荷象征洁身自好等。因此，可利用具有与之相类似象征意义的植物进行组合，以表达作品的主题。如松、竹、梅寓意“岁寒三友”，梅、兰、竹、菊寓意清高圣洁“四君子”。

2. 根据构图造型立意

用自然物体的形状进行构图，以表达特定的寓意和含义。如“金风玉露”，用一条缀满黄花的绿枝，弯曲呈圆弧状，以构成当空一轮圆月。星星黄花恰似叽叽喳喳的喜鹊，隐喻一个千古流传的故事——“鹊桥仙”。有的插花作者选用了牛头树桩作插花器皿，其中插以相协调色彩造型的鲜花，歌颂如黄牛一样终生勤勤恳恳、任劳任怨、为人民鞠躬尽瘁的美德，使人们看到作品油然产生敬佩的心情。在蓝色的浅盆中设计成风帆的造型，很自然的使人们会想到浩瀚的大海，出航归来或去远航。

3. 根据植物的季相景观变化立意

一年四季植物的季相景观在不断变化，如桃李报春，夏榴如火，秋桂飘香等。因此，可依据四季景观的变化，利用应时花卉来表现主题。如利用柳条、桃花、迎春、牡丹等春季发芽、开花的植物相互配置以表现“春”的主题；利用荷花、睡莲、百合、晚香玉、桔梗、萱草等表现“夏”季景观；利用枫、菊、桂、芦花等表现“秋”景；利用松、柏、蜡梅、一品红、南天竹、火棘等表现“冬”季景观。

4. 根据植物的谐音和花语立意

由于受中国文学艺术的影响，不少植物所具有的特定意义的谐音或花语被广泛流传下来，如“桂”与“贵”，“菊”与“鞠”，牡丹象征富贵，竹示平安，苹果寓福，石榴寓禄，桃寓寿等。因此，在进行插花艺术创作时，可依据花材的谐音或花语来表达主题。如柿枝插花，喻示事事如意；橘来喻示吉庆有余等。如将玉兰、海棠、牡丹相配置插作，表示“玉堂富贵”；牡丹和竹子配置插作表示“富贵平安”；苹果、石榴和桃相搭配表示“福禄高寿”；万年青、柿子、灵芝组合表示“万事如意”；松枝、竹子和水仙组合表示“丰年献瑞”。

5. 根据插花器皿、摆件立意

创作中，可根据现有器皿配置插花，常会有别出心裁的巧妙立意。采用秀美的竹篮，内插以美丽的菊花，使人顿时联想到诗人陶渊明诗句中“采菊东篱下”的情景，将透空的竹篮看作是竹篱笆。作品“汲水归来”用一只木桶型瓶，以藤条绿蔓缠绵环绕，然后再在其上插上两朵艳丽的月季，气氛生动、活泼。它以朦胧的题款，丰富观者的联想：谁汲水归来？一定有位少女，静坐在清澈的溪边看到自己青春的美丽，欣喜中信手拈来几支花枝，汲水而归。画面虽未出现人物，但少女爱美之心和美丽的形象跃然“纸”

上。又在下方巧置一只头部上仰的陶马，一则可丰富整个画面，并使色彩协调，二则给人以更多的联想。整个作品构图巧妙，命题得趣，意境深邃，给人以美的享受。

（二）艺术插花的构图

1. 基本构图形式

插花的构图形式多种多样，作品的图型千变万化。东西方插花造型归纳起来，主要有以下几种基本构图形式：

（1）依作品外形轮廓区分，有对称式与不对称式构图。

对称式构图：作品外形轮廓整齐而对称，插成各种规则的几何图形，如球形、半球形、塔形、柱形、扇面形、椭圆形、倒梯形、等腰三角形等。插这类图形，要求花材多、花形整齐、大小适中、结构紧凑而丰满，表现出雍容华丽、端庄典雅的风格，具有热烈奔放和喜悦欢庆的气氛。

不对称式构图：作品外形轮廓不规整、不对称，不拘泥于一定形式，可以随意造型。常见的有L形、S形、月牙形、弧线形、各种曲线形和各种不等边三角形等。插作这类图形，用花量相对较少，选用花材面广，花形不求整齐，但体态不宜过粗过大；构图可以高低错落、疏密有致，以表现植物自然生长的线条美、色彩美和姿态美。具有秀丽别致、生动活泼的风格。

（2）依主要花材（3大主枝）在容器中的位置和姿态，分为直立型、倾斜型、下垂型和水平型4种类型。

直立型：主要花枝直立向上插入容器中，着重表现其刚健挺拔或亭亭玉立的优美姿态，具有端庄稳重、奋发向上的气质。多选用线状直立性的花材，如唐菖蒲、水葱、蛇鞭菊，以及具长花梗的鹤望兰、马蹄莲等。

倾斜型：主要花枝向外倾斜插入容器中，表现一种动态的美感，比较活泼生动。宜多选用线状花材并具自然弯曲、倾斜生长的枝条。杜鹃、山茶、梅花等许多木本花枝，都适合插成这类图型。

下垂型：主要花枝向下悬垂插入容器中，具有生命力和动态之美，也具柔媚优雅之趣。许多具有细柔枝条及蔓性、半蔓性的植物，都宜用此法构图，如柳枝、连翘、迎春、绣线菊、常春藤等。

水平型：主要花枝在容器中向两侧横向平伸或横向微倾插入。两侧之枝可等长对称，也可以不等长对称。

2. 主枝的比例

东方式插花讲究花、叶、枝等巧妙的结合，造型清雅秀丽。一般由3主枝构成。依花枝长度从大到小分别称为第1、2、3主枝。3主枝以外的花枝均称为从枝。第1主枝是最长的花枝，它的长度应是容器总长（容器口直径加容器高）的1.5~2倍。第2主枝的长度是第1主枝长度的3/4~1/2，第3主枝长度是第2主枝长度的3/4~1/2。从枝数量不限，但一般不要过多，以免破坏其优美的造型。从枝是陪衬各主枝的花枝，因此，它们的长度分别不能超过所陪衬主枝的长度，从枝必须靠近所陪衬的主枝。

东方式的插花就是通过这3个主枝的高低错落有致、角度有序的变化构成的倾斜型，下垂型，直立型，直上型，对称型的瓶、盘插花。

3. 多样与统一

插花材料极其丰富，自然界千姿百态的花、叶、枝、果给每件插花作品创造了多样性变化的条件。没有变化就没有艺术。然而，变化要求在统一的前提下变化，没有统一就会显得松散、零乱；反之，若只有统一，而没有变化，就会显得单调刻板。只有既多样，又统一，才能获得源于自然，高于自然的艺术效果。

一件作品只插1种花，只配1种衬叶，一定会感到太单调。但是，如果插5~6种花，配5~6种衬叶，又会觉得太零乱。那么究竟插几种花材合适呢？实际上关键不在于选用花材的多少，而是如何做到：花材虽少而不单调乏味，并有变化的效果；花材多但不杂乱无章，并有整齐一致的效果。

选用少量花材，特别是单一花材构图时，首先要使花材本身有变化。如花朵有大有小，开放程度不同，花朵姿态不同。其次构图要巧安排，应使花枝高低错落，花朵朝向有变化、有呼应，再加上填充花材和衬叶的陪衬，就会使少量或单一花材在统一中显出许多局部、细致的变化，使整体作品更显得简洁、活泼。选用多种、多量花材构图时，首先要主次分明。花材与容器之间的关系，应以花材为主，容器为次，选用容器不要喧宾夺主；花材与衬叶之间的关系，应以花材为主，衬叶为次，衬叶宜少而简；花材之间的关系，应以1~2种为主，突出它们的位置、数量或色彩的效果，不能多种花材平分秋色。其次一定要保证花材之间的某些一致性。如果想重点表现绚丽多彩的花色之美时，一定要尽量保证各种花材在质地上、花形上的一致性。如将不同色彩的月季、香石竹、非洲菊和菊花搭配在一起时，一定会产生五彩缤纷、和谐一致的美感。不同色彩是它们的多样性，而块状的花形，近似的质地是它们的统一性。使用在多样变化中求得统一的艺术手法，使其达到了多样与统一的原则。

4. 协调与对比

协调与对比是插花构图中最重要的原理之一，处理好这一对矛盾，便能使插花各部分之间，取得有机而完整的联系与呼应，取得紧密而和谐的相互配合，从而获得整体的美感。

事物的对立统一规律告诉我们，有对比才有差异，有差异才有变化，有差异才有个性，有变化有个性才有生气、有刺激性。清沈复论插花："或婷婷玉立，或飞舞横斜"，这就是一种动与静的对比手法。对比有高低、疏密、大小、虚实、色彩对比等。通过对比，可以使材料互相比较，各自突出，或可使某些部分得以强调，插花的构图就显得生动活泼，错落有致，如出造化。但是，对比过强、个性太突出，就会失去和谐感和共性，从而失去内外的关联和协调，产生支离破碎、杂乱无章的现象，丧失其艺术感染力。

协调是对比的对立面，它是缓解和调和对比的一种艺术表现手法，它能使对比引起的各种差异感获得和谐和统一，从而产生柔和、平静和喜悦的美感。在插花中，协调与对比的关系表现在很多方面，如花材与容器之间、花材与花材之间、花材与衬叶之间等，都有形体上、质地上、色彩上以及风格上的协调与对比关系。例如一件五彩缤纷的大花篮摆在书房内，就显得过于艳丽和繁闹，不如摆放在客厅中与环境气氛更为协调。又如选用一件粗犷古朴的陶罐，插上花梗粗壮、花朵浑厚的菊花、马蹄莲或鹤望兰，一定会显得和谐统一。因为这些花材与陶罐在质地上、色泽上是相协调的。相反，若插上轻飘细柔的虞美人、香豌豆，就会感到上轻下重，互不关联，很不协调。因为它们彼此在质地上、风格上差异太大，对比太强，故而失去了和谐统一的美感。在花材与衬叶的关系上，如马蹄莲的花朵衬上自身的叶或鹤望兰的叶，就很有协调统一感。因为这些衬叶与花在形态上、质地上都有近似之处。

5. 动势和均衡

均衡就是平衡和稳定。在插花中它是指造型各部分之间相互平衡的关系和整个作品形象的稳定性。动势就是一种运动状态，一种动态感受。在插花中则指各种花材的姿态表现和造型的动态感。

均衡有两种表现形式，即对称式均衡和不对称式均衡。所谓对称均衡是指处在对称轴线两边的力或量、或形、或距离等，都完全相等或相同。插花中对称式构图的各种图形，就是采用这种对称均衡的表现手法。不对称均衡是指处在中心轴线两边的量、力、形、距等要素在形式上不相同、不相等，但心理上和视觉上的感受是"相等相同"的。因此，采用这种不对称均衡的表现手法插出的各种造型插花作品，会更显得生动活泼，灵活多变，更富自然情趣和神秘感。东方式插花，多采用这种不对称均衡手法，取得造型的和谐与自然之美。

插花中常利用花材组合的高低、远近、疏密、虚实以及花色的深浅等方法，取得不对称均衡的艺术效果。利用呼应和留空白的技法也容易奏效。

动势是均衡的对立面，两者是对立统一、相反相成的。各种对称均衡的造型，虽有端庄、稳重的美感，但常显生硬刻板，其原因就是缺乏动势。花材的安排缺少俯仰、顾盼、曲直、斜垂、张弛等变化所产生的各种动势是没有生气的。而不对称均衡的各种造型，由于具有上述各种灵活多变的组合，花材姿态变化具有丰富多彩的动势，所以可谓“形生势成”，这种动势是作品形象生动的主要源泉之一。

6. 韵律与节奏

韵律与节奏，是指事或物进行有规律的重复、有组织的变化之表现。在插花构图中，倘若只注意协调与均衡，而忽视了含于协调与均衡之中的韵律感，花枝一样高、花朵同样大、花色皆相同，结果必定导致构图呆板无生气，枯燥无味，久看而生厌。出色的插花作品必须富有韵律感。所谓插花构图的韵律，就是通过花材或花器表现出的一种有组织有节奏的变化。插花中花枝有规律的使用、花色从浓到淡的变化、花材高低的错落、左右呼应等，这些重复的变化有其连续性或渐次变化或间隔或交替的现象。正如绘画中的色彩浓淡变化、音乐中的音符抑扬变化一样，是一种有规律的变化，而不能忽高忽低，或只呼不应，或疏密无致。要创作出生动活泼、引人入胜的插花作品，必须掌握插花构图中的韵律的表现特征及其创作手法，遵循宾主分明、相互呼应、有虚有实、有藏有露、简繁结合、疏密有致、参差不等的构图基本要旨，必能创作出使人百看不厌、心旷神怡的插花佳品。

7. 色彩配置

色彩是研究艺术美的一个重要方面，是产生美感和艺术魅力的基本要素。在插花作品中，花色搭配的好坏，常常成为作品成功与否的关键。花色搭配最重要的一点是以色彩相和为佳，和则生动、神气。具体搭配应根据插花的使用目的、环境的要求以及花材容器条件酌情组合。

花色搭配实质上是处理不同花色之间的协调与对比、多样与统一的关系问题。每件作品中，花色相配不宜过多、过杂，一般以 1 ~ 3 种相配为宜。即使多色相配，亦应有主次之分，确定一个主色调，切忌各色平均使用。在丰富中求统一，就如一幅绘画有一个色彩基调一样，插花材料也要有一个统一画面的主色调，其他色彩或起烘托作用，或达画龙点睛之效果。除特殊需要外，一般花色搭配不宜用对比强烈的颜色相配，如红、黄、蓝三原色，各自的明度、纯度都最高，相配在一起，虽很鲜艳、明亮，但容易刺眼，应当在它们之间穿插一些复色的花材和绿叶，以起缓冲作用。不同花色相邻之间应互有穿插与呼应，以免显得孤立和生硬。

常见的花色组合有：

（1）单色组合　选用一种花色构图，可用同一明度的单色相配，也可用不同明度（浓、淡）的单色相配。如处理得好，并不单调乏味。利用同一颜色的深浅浓淡来组合，产生明暗跌宕的印象。有时按一定的方向和次序来组合明暗变化，会形成优美的韵律和层次，产生和谐、共通的印象。

（2）类似色组合　即色环上相邻色彩的组合。如红—橙—黄，或紫—紫蓝—蓝等。由于它们在色相（色彩所呈现出来的质的面貌）、明度（色彩明暗的差别）、纯度上都比较接近，互有过渡和联系，因此组合一起容易协调，显得柔和、典雅。配色要注意决定主色的色调和从属的色调，不要完全同等对待。这种配色，颜色之间有过渡，有联系，容易统一、和谐。

（3）对比色组合　即色环上两相对应之色彩的组合，又为互补色之组合。如红与绿、黄与紫、橙与蓝，都是具强烈刺激性的互补色，它们相配容易产生明快、活泼、热烈的效果。此种对比色组合，西方古典插花中最为常用，礼仪插花也常使用。但要达到和谐统一，还要注意配色量的大小，以一色为主，一色为次。色轮中心的黑色、白色、灰色、金色是中性色，能缓和对比色的对比状态，起调和作用。现实中难求灰色、黑色、金色的鲜花，因此，白花往往作为调和色彩的花材。由于黑、白、灰、金色和许多色彩构成良好的对比调和的关系，因而是选择花器的最佳颜色。

第三节　室内花卉装饰

一、室内环境特点及植物选择

（一）室内环境特点

1. 光照

（1）室内的光照强度明显低于室外及温室。

（2）以自然光照为主要光源的地方，如大厅、走廊、客房及居室内光照强度变化规律同室外。夏季光照强度高，冬季光照强度低，一般照度均能达到2000勒克斯左右。

（3）在封闭的走廊、过道、歌舞厅及饭店包间自然光较弱，照度只有100～300勒克斯，有时甚至仅20～30勒克斯。

（4）室内光照强度可分为3个等级，即：低光度，光照强度为259～750勒克斯；中光度，光照强度为750～1500勒克斯；高光度，光照强度为

1500～10 000 勒克斯。

2. 温度

（1）由于供暖时间的限制，最低温度主要集中在供暖之前及供暖之后。即每年的 3 月底至 4 月中旬及 10 月下旬至 11 月中旬。

（2）除室内有空调之外，一般的宾馆、办公室及饭店在春、夏、秋三季室内温度变化规律与室外相同，在北方高温集中在 7、8、9 三个月。

（3）室内的昼夜温差较室外小，北方大部分地区昼夜温差 10～20℃，但是室内低于 10℃。

3. 湿度

室内湿度较低，除 7、8、9 月雨季能达 50% 以上，其余时间均在 30% 左右。

（二）室内植物选择

由于室内空间有限，光照、湿度、通风等较差，装饰效果的好坏，首先取决于对植物生态习性、形态特征的认识与应用，选择室内植物应重视以下几点：

（1）适应室内的环境条件，具有一定的抗逆性。

（2）栽培容易，管理方便，不需投入过多的人力、物力和时间。

（3）具有观赏价值及景观效果，并适于室内装饰。要求叶色苍翠或艳丽，叶形奇特，植物形体大小适量，易于修剪造型，不受季节限制，能够较长时间保持其观赏价值。兼有观花、观茎、观芽、观根及观果等特点。

（4）安全、卫生、对人有益无害。

根据这些特点，耐荫观叶植物用作室内装饰，不论在生态上、形态上以及色彩上都最能适应其要求。

二、室内植物的布置原则

1. 整体要和谐

根据室内其他陈设物的数量、色彩等不同的情况，进行全面考虑，做到合理布局。如果是多方位、多层次的空间绿化装饰，还必须使每一个单一的空间，统一在整体布局之中，避免在各个布局中，出现同类植物或等量的重复，以形成一个富有变化的自然景观，使人感到有节奏和韵律感。

2. 主次要分明

在同一方位内的空间，要有主景和配景之分。主景是装饰布置的核心，必须突出，在数量大小上要占相当优势，而且要有艺术魅力，能吸引人，给人留下难忘的印象。配景是从属部分，有别于主景，但又必须与主景相协调。

3. 中心要突出

主景在选材上通常是选用形态奇特，姿色优美，色彩绚丽，体形大，有别于常见花卉的品种，以加强主景的中心效果。在一个建筑单元内，有卧室、厨房、卫生间及会客室等许多空间，重点装饰会客室，以展示主人的风貌，并反映其文化素养，也可谓之突出中心。在机关大楼突出装饰门厅及会议室，以代表单位的精神面貌，同样为突出重点。

4. 比例要适度

室内空间高度、宽度及室内陈设物的多少及体量决定了所选择植物的数量及大小。大的空间中装饰小的植物，就无法显示出气氛，也很不协调；小空间装饰大植物，产生一种压迫感和窒息感，缺乏整体感。因此，装饰布置时要根据室内建筑空间的组成大小、形状选择相应尺度的植物种类，使其彼此之间的比例恰当。

5. 色彩要协调

植物色彩要按室内色彩的设计意图，从整体上综合考虑。其基本原则上浅下深，根据色彩重量感，使环境造成一种安定、稳定的感觉。色彩的运用应以协调统一为主，通常采用类似色彩的组合，或者用相同明暗的不同色彩的组合。

三、室内植物布局方法

一般来说，现代室内绿化装饰有点、线、面三种布局方法。点状布置是独立的或成组设置盆栽植物，成为室内引人注目的景观点。线状布置是将植物植于花槽内或连续摆放一排或几排盆栽植物，多显均衡对称状，借以划分室内空间。面状布置是应用植物群排布于室内墙壁前，组成一个生动的画面。选用的植物要高矮搭配，反映出植物的群体美。

四、室内植物应用形式

1. 直立或盆栽

将盆栽花卉单盆布置在角隅、沙发旁地面上或摆放在花架、书橱等上面，以欣赏花卉的个体美。也可用立体花架或活动花架摆放。这种形式可以随意调整盆花位置，使室内空间层次结构经常变化，给人以新鲜感。

2. 悬垂式

利用金属、塑料、竹、木或藤制的吊盆或吊篮，栽入一些枝叶悬垂的植物，悬吊于窗口、顶棚或依墙依柱而挂，枝叶婆娑，线条优美多变，增加了气氛。

3. 镶嵌式

在墙壁及柱面适宜的位置，镶嵌上特制的半圆形盆、瓶、篮等造型别致的容器，栽上一些别具特色的观赏植物。或在墙壁上设计制作不同形状的洞柜，摆放或栽植下垂或横生的观叶植物，形成具有壁画生动活泼的效果。

4. 组合式

将几种生态习性相近的观叶花卉栽植在一个容器中，成为组合盆栽，以欣赏花卉的群体美。

5. 瓶栽式

在各种大小、形状不同的玻璃瓶、金鱼缸、水族箱内种植各种矮小植物以供观赏，装饰室内。通常的栽培方法有袖珍花园、玻璃瓶花园等。

6. 图腾柱式栽培

藤本植物缠绕一根柱子的栽培形式。一些具有气根的室内花卉，如龟背竹、喜林芋、绿萝、合果芋等均适宜作柱式栽培。

模拟测试题

一、名词解释

1. 模纹式花坛　　2. 切花　　3. 插花　　4. 礼仪插花

5. 艺术插花　　6. 对称式构图　　7. 不对称均衡

二、填空题

1. 花坛具有＿＿＿＿、＿＿＿＿、＿＿＿＿、＿＿＿＿等功能。

2. 插花属于造型艺术，具有＿＿＿＿、＿＿＿＿、＿＿＿＿等特点。

3. 插花依使用目的分类，可分为＿＿＿＿、＿＿＿＿。

4. 常用的线状花材有＿＿＿＿、＿＿＿＿、＿＿＿＿、＿＿＿＿、＿＿＿＿等。

5. 线状花材在构图中常起＿＿＿＿作用，也常是决定作品＿＿＿＿的主要花材。

6. 团块状花材多作插花中的＿＿＿＿、＿＿＿＿，在插花中起着＿＿＿＿或润饰作用。

7. 加固花材的主要方法有＿＿＿＿、＿＿＿＿、＿＿＿＿、＿＿＿＿、＿＿＿＿等。

8. 艺术插花不对称式构图常见的有＿＿＿＿形、＿＿＿＿形、＿＿＿＿形、＿＿＿＿形、＿＿＿＿形等。

9. 插花常见的花色组合有＿＿＿＿、＿＿＿＿、＿＿＿＿。

10. 室内植物应用主要有＿＿＿＿、＿＿＿＿、＿＿＿＿、＿＿＿＿等形式。

三、判断题

1. 花丛式花坛是利用各种不同色彩的花卉组成平面图案，状如毛毡。（　　）

2. 平面花坛多有边缘轮廓，且多采用规则的几何形状。（　　）

3. 模纹花坛以表现图案为主，多选用低矮紧密和株丛较小的花卉。（　　）

4. 花坛植物群体栽植必须密植，方可显现装饰效果。（　　）

5. 艺术插花下垂型构图多选用线状直立形的花材，如唐菖蒲。（　　）

6. 瓶插花第 1 主枝的长度为花瓶高度及瓶口宽度之和的 2 倍。（　　）

7. 耐荫性观叶植物不适宜室内装饰。（ ）

8. 花坛布置要求所用花卉的花期、花色、株形错落有致。（ ）

四、简答题

1. 花丛式花坛的特点及布置要求是什么？
2. 花坛花卉应符合哪些质量要求？
3. 东方式插花主要特点是什么？
4. 花材造型方法有哪些？
5. 艺术插花常根据哪些方面立意？
6. 简述艺术插花中的不对称式构图。
7. 选用少量花材构图时应掌握哪些要领？
8. 选用多种、多量花材构图时应掌握哪些要领？
9. 室内植物应符合哪些条件？
10. 简述室内植物布局方法。

模拟测试题答案

一、名词解释

1. 模纹式花坛：又称毛毡花坛。是利用各种不同色彩的花卉组成平面图案，可以显示出较细致的花纹，状如毛毡。

2. 切花：从植物体上剪切下来的花朵、花枝、果枝、叶片以及干枯枝条等的总称。

3. 插花：以切取植物可供观赏的枝、叶、花、果、根作为素材，插入容器中，经过一定的技术和艺术加工，重新配置成的花卉艺术品。

4. 礼仪插花：用于各种庆典仪式、迎来送往、婚丧嫁娶、探亲访友等社交礼仪活动中的插花。

5. 艺术插花：用于美化、装饰环境和艺术欣赏、活跃文化娱乐活动而用的插花。

6. 对称式构图：插花作品外形轮廓整齐而对称，插成各种规则的几何图形的构图。

7. 不对称均衡：中心轴线两边的量、力、形、距等要素在形式上不相同、不相等，但心理上和视觉上的感受是“相等相同”的。

二、填空题

1. 观赏、宣传、装饰、烘托气氛

2. 时间性强、随意性强、装饰性强

3. 礼仪插花、艺术插花
4. 唐菖蒲、紫罗兰、迎春、连翘、蛇鞭菊
5. 骨架、比例高度
6. 主花、焦点花、中心
7. 缠绕法、横向穿刺法、十字交叉法、插入法、发夹法
8. S、L、月牙、弧线、曲线
9. 单色组合、类似色组合、对比色组合
10. 盆栽、悬垂式、组合式、图腾柱式栽培

三、判断题

1. × 2. ✓ 3. ✓ 4. × 5. × 6. ✓ 7. × 8. ×

四、简答题

1. 答：花丛式花坛又称集栽花坛。将几种不同种类，不同高度及色彩的花卉栽植成花丛状，中间高，四周低，以供全方位观赏；或前低后高，供单方观赏。这类花坛不要求种类繁多，而力求图样简洁，轮廓鲜明。同一花坛内栽植几种花卉时，它们之间界限必须明显，相邻的花卉色彩对比一定要强烈，高矮则不能相差悬殊。

2. 答：(1) 植株直立不易倒伏，主秆矮，具有粗壮的茎秆。基部分枝强健。根系完好，分蘖者具 3～4 个分杈。(2) 植株无病害和机械损伤。(3) 花蕾露色，开花及时，用于花坛时能体现最佳效果。(4) 花卉植株的类型标准化。

3. 答：多为自由式。造型自然，注重线条的意境美。取材少而精，作品层次分明，色彩淡雅。崇尚自然，讲究意境，习惯将花材人格化，寓示插花作品深刻的内涵。

4. 答：常采用的方法有：将叶尖和叶基部相连，中间顺叶脉方向撕成数条状；用铅丝或大头针将叶片卷曲后固定；将叶片打结；将叶片折成各种角度或叠成波状；顺叶脉方向将叶片卷起；将叶片剪成圆形、扇形、尖形等。

5. 答：(1) 根据植物传统象征立意。(2) 根据构图造型立意。(3) 根据植物的季相景观变化立意。(4) 根据植物的谐音和花语立意。(5) 根据插花器皿、摆件立意。

6. 答：作品外形轮廓不规整、不对称，不拘泥于一定形式，可以随意造型。常见的有 L 形、S 形、月牙形、弧线形、各种曲线形和各种不等边三角形。

7. 答：选用少量花材构图时，首先要使花材本身有变化。其次构图要

巧安排，应使花枝高低错落、花朵朝向有变化、有呼应，再加上填充花材和衬叶的陪衬，就会使少量花材在统一中显出许多局部、细致的变化。

8. 答：选用多种、多量花材构图时，首先要主次分明。花材与容器之间的关系，应以花材为主，容器为次，选用容器不要喧宾夺主；花材与衬叶的关系，应以花材为主，衬叶为次。花材之间的关系，应以1～2种为主，突出它们的位置、数量和色彩效果。其次一定要保证花材之间的某些一致性，使用在多样变化中求得统一的艺术手法，使其达到多样与统一。

9. 答：(1) 适应室内的环境条件，具有一定的抗逆性。(2) 栽培容易，管理方便。(3) 具有观赏价值及景观效果，并适于室内装饰。(4) 安全、卫生，对人有益无害。

10. 答：现代室内绿化装饰有点、线、面三种布局方法。点状布置是独立的或成组设置盆栽植物，成为室内引人注目的景观点。线状布置是将植物植于花槽内或连续摆放一排或几排盆栽植物，多显均衡对称状，借以划分室内空间。面状布置是应用植物群排布于室内墙壁前，组成一个生动的画面。

第八章

常见花卉及其栽培技术

本章提要：介绍100种常见花卉的识别要点、繁殖、习性与栽培等。同时对10种花卉的栽培技术作了重点介绍。

学习目的：掌握常见花卉的识别要点及繁殖、习性等方面的基础知识和栽培技术要领。

第一节　常见花卉100种

一、露地花卉

（一）一、二年生花卉

1. 大花三色堇 *Viola × wittrockiana*

科属：堇菜科，堇菜属。

识别要点（图8-1）：多年生草本，作二年生栽培。株高15～30厘米。多分枝，直立性弱，枝条3棱状。基生叶及幼叶浑圆形，有圆钝锯齿，叶柄明显；茎生叶卵状披针形，有锯齿，羽状裂，互生；托叶较大，宿存，羽裂。花单生叶腋，花梗长达12厘米，两侧对称花，5基数，花有距，萼片中生，多花性；花色主要有白、淡黄及橙黄、淡雪青至紫堇色、深红、杂色。花期4～6月。蒴果，瓣裂。

图8-1　大花三色堇

原产地：南欧。

繁殖：秋季8月下旬播种，种子千

粒重1.43克，播种需要覆土。发芽温度一般15～20℃，10天左右出苗，经1次分苗移栽后，于10月下旬移入阳畦过冬，翌年4月移出阳畦或直接定植于花坛。

习性与栽培：宜阳光充足，能耐半荫，环境要求通风良好，耐寒，但也要注意防寒，本种不适应夏季酷热。生长适温7～15℃。当高于20℃时生长不良。要求湿润、肥沃的土壤。比较喜肥，幼苗期施肥特别重要。盆株花后要及时摘除残花，以利其继续生长。

园林用途：春季作花坛、盆栽观赏，岩石园布置。

2. 美国石竹 *Dianthus barbatus*

科属：石竹科，石竹属。

识别要点（图8-2）：多年生草本，作二年生栽培。株高30～60厘米。茎光滑，带四棱形，上部单生或分枝；叶片披针形或卵状披针形，平行叶脉；花小而多，呈聚伞花序，花序径可达10厘米左右，色有白、粉、绯红、玫瑰红、紫和单瓣重瓣之分。花期5～6月。

原产地：欧洲南部和亚洲。

繁殖：秋季8～9月播于露地苗床，种子千粒重约0.9克，覆土厚度为种子直径的1～2倍。发芽适温为20～22℃，播后5天幼苗即能出土。经1次分苗移植后，于10月下旬移入阳畦过冬，翌春即可上盆或定植于花坛。

图8-2　美国石竹

习性与栽培：性较耐寒，华北地区露地防寒过冬。喜排水良好的土壤，如遇积水，叶片明显变黄。喜光，亦耐半荫。植后每隔3周施1次追肥，并进行摘心2次，以促其分枝。花后剪去花枝，9月份以后可再次开花。

园林用途：花坛、花境及镶边植物，亦可布置岩石园或盆栽观赏，也适于作切花。

3. 羽衣甘蓝 *Brassica oleracea*

科属：十字花科，甘蓝属。

识别要点（图8-3）：二年生花卉。株高约30厘米。茎粗短，直立，无分枝，茎基木质化，叶宽大，倒卵形，波状皱折，叶柄短而有翅；叶色具紫、红、黄等色，为主要的观赏部分，观赏期12至翌年2月。总状花序，花小，黄色。3～4月开花。角果长圆柱形。

原产地：西欧。

繁殖：7月中旬至8月初，在露地苗床或盆、箱等容器中进行。种子千粒重1.6克。覆土以盖没种子为度，播后需浇足水，1周左右即可出苗。经移植1～2次后，结冻前上小盆移入光照条件较好的室内栽培。

图8-3 羽衣甘蓝

习性与栽培：阳光要求充足，耐寒性强，冬季适当减少施用氮肥能增强其抗寒性。土壤要求湿润、肥沃的碱性土壤。较喜肥，苗期要供给充足的水肥。栽培时，幼苗期需要低温。幼苗移植宜早期进行。

园林用途：冬季和早春重要的观叶植物，多用于布置花坛、花境或编组图案，亦可盆栽观赏。

4. 香雪球 *Lobularia maritima*

科属：十字花科，香雪球属。

识别要点（图8-4）：二年生低矮丛生草花。株高15厘米左右。多分枝。叶互生，条形，全缘，叶脉不明显。总状花序，小花多而密集，有香味，十字型花冠；花色有白、深雪青。花期3～6月。短角果。

原产地：地中海地区。

繁殖：秋季播种，种子千粒重0.28～0.33克，播种不必覆土。发芽温度为21℃，8天左右发芽。出苗迅速，苗高3～4厘米时可分栽入盆或置冷室内越冬。

图8-4 香雪球

习性与栽培：性强健。喜阳光，不耐荫蔽。开花时喜凉爽气候，不耐严寒和酷暑。土壤不可过湿，以排水良好的土壤为宜。栽培期间需施追肥、松土，供给充足的水分。花后剪除花序，促使再生新花穗。

园林用途：作花坛的边饰、毛毡

花坛、组合盆栽。

5. 桂竹香 *Cheiranthus cheiri*

科属：十字花科，桂竹香属。

识别要点（图 8-5）：多年生草本，作一、二年生花卉栽培。株高 30～50 厘米。茎直立，分枝多，基部木质化；单叶互生，叶披针形，近无齿，平展。总状花序较长，十字型花冠，花色黄、橙。花期 4～6 月，以 5 月上旬最盛。角果。

图 8-5　桂竹香

原产地：南欧。

繁殖：秋季 9 月上旬播种，种子千粒重 1.43 克，发芽温度 15℃，播后 2 周即可萌芽生长。10 月下旬阳畦越冬，翌年 4 月中旬开始孕蕾即可定植。重瓣品种不易结种，可用扦插法繁殖，取尚未木质化的强壮枝条插入净砂土，生根极易。

习性与栽培：性耐寒，喜光，忌热畏涝，雨水过多生长不良。直根系，不耐移植。宜疏松壤土，不耐酸，较耐碱。生长适温 5～15℃。定植株行距，矮茎品种 25 厘米 ×25 厘米，高茎品种 30 厘米 ×35 厘米。春季追肥、供水。花后剪去花枝，至 9 月可再次开花。

图 8-6　矢车菊

园林用途：作花坛、花境、切花、亦可盆栽。

6. 矢车菊 *Centaurea cyanus*

科属：菊科，矢车菊属。

识别要点（图 8-6）：一、二年生草本花卉。株高 30～90 厘米。整株粗糙呈灰绿色。茎纤细，直立有分枝。叶线状披针形，羽状深裂，基部 3 裂，上部叶互生，有锯齿，被柔软棉毛。顶生头状花序，具多数苞片；筒状花 5 裂，可育，种子在基部孕生；舌状花辐射状喇叭形；花色粉红、白、玫红、蓝、深蓝。花期4~5月。瘦果。

原产地：南欧、小亚细亚、以色列等地中海沿岸。

繁殖：播种繁殖，春秋两季均可。种子千粒重5克。发芽温度20~22℃，8~10天出苗。华北地区可于冬前经1次移栽后囤入阳畦，至早春再定植于花坛。春播宜早，苗高10~15厘米即可移栽定植。

习性与栽培：喜阳光充足，不耐阴湿，须栽在阳光充足、排水良好的地方。较耐寒，喜冷凉，忌炎热。喜肥沃、疏松和排水良好的砂质土壤。直根系，不耐移栽，移栽时须带较大的土球。栽植前应施入基肥，生长期控制氮肥，有利株形、开花良好。生长期间适量浇水。

园林用途：作花丛、花境、切花、矮型品种宜盆栽。

7. 矮雪轮 *Silene pendula*

科属：石竹科，蝇子草属。

识别要点（图8-7）：二年生花卉。株高25~30厘米。被毛，匍匐状。分枝多，叶对生，卵形，先端有1尖刺，深绿色。聚伞花序，石竹型花冠，粉红色花。花期4~6月。

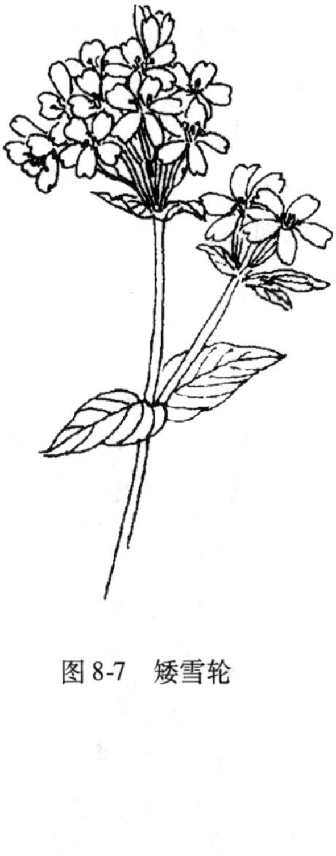

图8-7　矮雪轮

原产地：地中海地区。

繁殖：秋播春花，种子千粒重0.7克。8月下旬播于露地苗畦内，出芽后至2~3厘米时分栽，10月中下旬入阳畦，翌年4月下旬移至花坛定植。

习性与栽培：喜阳光充足、通风良好的环境。耐寒性强，但忌夏季高温。喜肥，可以多施肥。要求排水良好，尤其雨季要防止枝叶腐烂。

园林用途：作花坛、各种绿地的边饰。

8. 花菱草 *Eschscholzia californica*

科属：罂粟科，花菱草属。

识别要点（图8-8）：二年生花卉。株高30~60厘米。茎基部分枝，丛生状。单叶互生，似基生，叶较大，3回羽状深裂，裂片细。花单生，花梗超出叶丛，花瓣4枚；花黄色，有乳白、橙黄、橙红、玫红等变种，有重瓣、半重瓣及间色品种。花期5月，日中盛开。蒴果。

原产地：北美。

繁殖：秋季插种。种子千粒重 1.5 克。直根系，移植困难，可采用直播。发芽适宜温度为 15～20℃，播后约 5～7 天发芽。

习性与栽培：喜冷凉、干燥的气候，耐寒。宜阳光充足，花朵在阳光下开放，阴天或夜间花冠闭合。不耐夏热。土壤要求排水良好，尤其春、雨季，要防止积水。常由于养护不当引起根和基部的枝叶腐烂。适应于碱性土壤。生长期要供水、追肥。

园林用途：作花坛、花丛，亦可作切花和盆栽。

图 8-8　花菱草

9. 飞燕草 *Delphinium ajacis*

科属：毛茛科，翠雀属。

识别要点（图 8-9）：一、二年生草本。高 60～90 厘米。叶片 3 全裂，各裂片有 3～4 回细裂。穗形总状花序顶生。萼片 5，瓣化，最上 1 枚基部下延呈距状。瓣片 2 枚，合生。花淡紫或蓝紫，栽培变种自白至玫红，有重瓣种及矮生品种（30 厘米）。花期 5～6 月。蓇葖果。

图 8-9　飞燕草

原产地：地中海地区。

繁殖：播种繁殖。种子千粒重 1.88 克。8 月下旬～9 月上旬播于冷床越冬，春暖定植；或早春露地直播。发芽适温为 15℃左右，15 天即可发芽。

习性与栽培：喜阳光照射，不耐荫。宜冷凉气候，较耐寒，不耐酷暑。宜排水良好的土壤，忌涝。生长适温为 10℃左右。4 月定植后，宜每 7～10 天浇 1 次水。生长期施以磷、钾肥，促其生长挺拔健壮。

园林用途：作花境、切花。

10. 福禄考 *Phlox drummondii*

科属：花荵科，福禄考属。

识别要点（图 8-10）：一、二年生花卉。株高 40～60 厘米。茎直立，多分枝。叶基部对生，上部互生，叶柄不明显，条形至矩圆，端尖。聚伞花序，顶生，小花高脚碟花冠，萼筒较长；花色有桃红、玫瑰红、大红、白及间色。花期 5～6 月。蒴果。

图 8-10　福禄考

原产地：北美。

繁殖：秋季播种为主。种子千粒重约 1.8 克。播种时基质温度为 20～22℃，约 10 天发芽。

习性与栽培：喜光。性喜凉爽气候，耐寒性不强，北京地区需防寒过冬。对土壤要求较严，喜轻松、富含有机质的中性土壤。忌碱怕涝。生长适温为 15～18℃。生长季节水分不宜过大，宜酌施 1～2 次追肥。

园林用途：作花坛、花境，也可盆栽和作切花。

11. 扫帚草 *Kochia scoparia*

科属：藜科，地肤属。

识别要点（图 8-11）：一年生直立性草本。株高 50～70 厘米。全株被短柔毛，多分枝，株形密集呈卵圆球形。单叶互生，叶纤细，密生，常具 3 条明显主脉，秋叶变红。花小，单生或两枚生于叶腋，呈稀疏穗状花序，无观赏价值。栽培观赏主要为细叶变种，胞果扁球形。

图 8-11　扫帚草

原产地：欧洲及亚洲中部及南部地区。

繁殖：播种繁殖。种子千粒重约 1 克。4 月初播于露地苗床，移植应于小苗时进行。

习性与栽培：性不耐寒而耐炎热干旱气候。喜光，耐瘠薄。种子落地，可自播繁衍。

园林用途：作花篱、花境或盆栽，亦可作花坛边缘及树坛边饰等。

12. 两色金鸡菊 *Coreopsis tinctoria*

科属：菊科，金鸡菊属。

识别要点（图 8-12）：一年生草本。株高 60 ~ 90 厘米。植株光滑多分枝。叶 2 ~3回羽状深裂，裂片较多，顶端裂片较大，披针形，全缘。头状花序多数聚成伞房花序；盘心花暗红色；舌状花黄色而基部棕色，园艺品种近金黄色，或近全褐色。花期 6 ~9 月。瘦果球形。

图 8-12　两色金鸡菊

原产地：美洲和北非。

繁殖：种子千粒重 0. 25 克。4 月初播于露地苗床，适于直播。亦可秋播，9 月下旬进行。

习性与栽培：喜光。半耐寒，不耐高温。喜肥沃的砂质土壤，耐瘠薄和干旱。生长期要控制水肥，使植株矮化，花朵茂密。

园林用途：作盆栽、花坛、花境和切花。

图 8-13　红黄草

13. 红黄草 *Tagetes patula*

科属：菊科，万寿菊属。

识别要点（图 8-13）：一年生草本。株高 30 ~ 40 厘米。茎丛生，枝条外倾性，呈紫红色，较细。叶羽状全裂，边缘锯齿不规则，先端成芒状，叶色较深。头状花序较小，有长花梗，有单瓣、半重瓣、重瓣，花型有芍药型（重瓣）、单瓣型、托桂型（半重瓣）等；花色以红黄相间为主，具有纯色品种。花期 8 ~9 月。瘦果。

原产地：墨西哥。

繁殖：4 月初于露地苗床播种繁

殖。种子千粒重约 3 克。播种基质要求轻质、湿润，播种需覆土，在 21 ~ 24℃温度下，4 天发芽。幼苗生出 3 片真叶时分苗移植 1 次，6 月初即可定植。

习性与栽培：喜光，短日照习性。每天仅限日照 9 小时有利开花。不耐寒，夏季高温、多雨生长不良，株形变松、变高。适温为 18℃。生长粗放，对土壤要求不严。生长期可酌情适当浇水、施肥，保持良好的排水性即可。

园林用途：作花坛、花境、盆栽、切花。

14. 大波斯菊 *Cosmos bipinnatus*

科属：菊科，波斯菊属。

识别要点（图 8-14）：一年生草本。株高 1 ~ 2 米。茎粗壮，主干半木质化，呈多棱状和沟纹，粗糙；嫩枝光滑。叶对生，2 回羽状全裂，裂片细，线形；裂片全缘。头状花序，顶生或腋生，花梗长，较细，花径 6 厘米左右；单瓣较多，花瓣先端有齿，花色有粉红、深红、白；常有银莲花型、托桂型等。花期 8 ~ 10 月，有早花品种，6 月至深秋。瘦果，有喙。

图 8-14　大波斯菊

原产地：北美及墨西哥。

繁殖：春播为主，种子千粒重约 6 克。4 月直播于园地，或 4 月初于露地苗床播种，6 月初定植。

习性与栽培：喜光。不耐寒，耐干旱。肥水过多会徒长，开花减少。夏季生长旺盛，易倒伏，可设立支架或修剪促其矮化。

园林用途：作花境或杂植于树坛，还可作组合盆栽和切花。

15. 五色苋 *Alternanthera bettzickiana*

科属：苋科，虾钳菜属。

识别要点（图 8-15）：多年生草本，多作一年生栽培的观叶植物。分枝多而密，茎直立，株高 10 ~ 20 厘米。叶对生，披针形，多裂，裂片全缘，常具有彩斑，叶色主要有绿、暗红、嫩红、黄等。腋生头状花序，色灰白不明显。

原产地：热带和亚热带地区。

繁殖：嫩枝扦插。3 月中旬将在温室过冬的母株移至阳畦内，加强肥、水管理，4月即可剪取新枝在温床内扦插，5～6月可露地扦插，盛夏时扦插则必须遮荫。当土温达20℃左右时，扦插苗经5天即可生根。

习性与栽培：宜阳光充足，不耐寒，喜温暖，夏热高湿生长较快。一般冬季在室内保存母株，对留种母株要细致培育，开花时及时摘除花朵，每半月施肥1次，可用2%的硫酸铵液作追肥，越冬温度保持在13℃以上。花坛内的植株必须适时修剪，否则过高，影响花纹的清晰；并及时供水，适量施肥，有助于花坛的观赏期延长。

园林用途：作毛毡花坛、立体花坛和组字图案。

图8-15　五色苋

16. 茑萝 *Quamoclit pennata*

科属：旋花科，茑萝属。

识别要点（图8-16）：一年生缠绕性草本花卉。全株光滑。茎纤细，柔软缠绕状。叶互生，羽状全裂，裂片线形。花腋生，1至数朵，花冠漏斗状，呈高脚碟状，5裂；花色有粉红、深红和白。花期8月至霜降。蒴果，种子黑色。

图8-16　茑萝

原产地：美洲热带。

繁殖：春季播种繁殖。种子较大，千粒重10.8～13克。25℃左右温度下约10天左右出苗。直根性，不宜移植，可直播。

习性与栽培：栽培于向阳环境。不耐霜冻，性喜温暖。土壤肥沃，生长快。种植后需立支架或牵绳索使之缠绕而上。

园林用途：可作篱垣、棚架、栏杆的攀附植物，亦可作整形盆栽。

17. 雁来红 *Amaranthus tricolor* var. *splendens*

科属：苋科，苋属。

识别要点（图8-17）：一年生草本观叶植

物。株高 60～80 厘米。茎直立，无分枝，红色。叶互生，椭圆形或卵圆形，锯齿明显，初秋顶叶鲜红色，观叶为 8～10 月。园艺类型有雁来黄，茎绿色，顶叶于初秋变亮黄色。锦西凤（三色苋），幼茎暗褐色，初秋时，顶叶变成红、黄、绿三色，即：基部红，中间黄，先端绿。花甚小，成小型密集穗状花序，腋生，下垂，似尾状，白色或绿白。浆果。

图 8-17　雁来红

原产地：亚洲热带。

繁殖：播种。种子千粒重 0.78 克。3 月下旬可在温床育苗，或于 4～6 月直播露地。约 7 天左右出苗，株高 10 厘米左右移植或定植。

习性与栽培：阳光充足可使其嫩叶红色艳丽。不耐寒。耐干旱，耐碱性土壤，再生能力强，故栽培粗放。移植过迟，生长不良。适当施肥有助生长发育，但施肥过量枝叶易徒长，顶叶色泽不艳。

园林用途：夏季作花丛、花境，也可盆栽。

18. 彩叶草 *Coleus blumei*

科属：唇形科，彩叶草属。

识别要点（图 8-18）：多年生草本，作一年生栽培。株高 30～50 厘米。单叶对生，卵形，有锯齿，质薄；叶面皱缩，呈黄、橙、红、紫、粉等色彩。花小，淡蓝或带白色，呈圆锥花序，花期夏、秋。小坚果平滑。用于花坛宜选择宽叶、单色叶的品种。

图 8-18　彩叶草

原产地：亚洲南部。

繁殖：播种可于 2～3 月在室内盆播，种子千粒重 0.15 克，发芽适宜温度为 18～20℃，播后 10～15 天发芽。也可于 6～9 月，剪取健壮的茎段，进行扦插繁殖。

习性与栽培：性喜温热、向阳、湿润。宜排水良好的土壤。耐寒力较弱，冬季越冬温度为15℃。小苗应摘心，以促发分枝。生长期需经常向叶面喷水，保持湿度。追施磷肥，酌施氮肥，以使叶面清新、鲜艳。

园林用途：作花坛，也可盆栽。

19. 银边翠 *Euphorbia marginata*

科属：大戟科，大戟属。

图8-19　银边翠

识别要点（图8-19）：一年生草本观叶植物。株高50～60厘米。茎直立，叉状分枝，有乳汁。叶对生，卵形到长圆形，全缘叶，灰绿色；下部叶片互生，顶端叶片轮生，入夏后叶片边缘或叶片全部变为银白色。顶端小花3朵，簇生。花梗细软。花下有2枚大型苞片。蒴果。

原产地：北美。

繁殖：4月初进行播种。发芽温度18～21℃。可直播绿地，也可在小苗时移植1次；大苗不宜移植。在苗床内可施1次肥。

习性与栽培：喜温暖、阳光，喜肥沃而排水良好的砂质壤土。忌湿、涝，耐干旱。选地势高燥、排水良好处栽培。

园林用途：作花坛、花丛、花境和切花，也可盆栽，为夏季冷色调的好材料。

图8-20　满天星

20. 满天星 *Gypsophila elegans*

科属：石竹科，丝石竹属。

识别要点（图8-20）：一、二年生草本。株高50～70厘米。茎光滑，多分枝，粉绿色，被白粉。单叶对生，基部叶矩形，上部叶条状披针形，1～3主脉。聚伞花序，花朵小而多，1株千朵以上；花白色或粉红色，有长梗。花期5～6月。蒴果球形，种子多数、细小。

原产地：欧亚大陆，高加索至西伯利亚。

繁殖：播种繁殖。种子千粒重 0.55 克。宜在 9 月直播于园地或盆播。播后 10 天左右出苗。北京地区可于 3 月中下旬播种。幼苗不宜移植。

习性与栽培：耐寒，喜阳光，要求含石灰质、肥沃而排水良好的土壤。忌炎热和过于潮湿。宜选择高燥处种植。定植后保证水肥供给，及时中耕除草。

园林用途：作花坛、花境及配置岩石园。也宜作切花。

图 8-21　向日葵

21. 向日葵 *Helianthus annuus*

科属：菊科，向日葵属

识别要点（图 8-21）：一年生草本，株高 90 ~ 150 厘米。主茎刚直，被粗硬毛。叶互生，宽卵形。头状花序单生茎顶，舌状花金黄色，筒状花两性，紫褐色。园艺品种有重瓣矮生种，花色为铜棕、红褐、樱红等。花期 7 ~ 9 月。

原产地：北美。

繁殖：春季直播于园地，或点播于盆中，使种子尖头朝下为好。

图 8-22　天人菊

习性与栽培：喜光、喜温暖湿润环境，耐旱，不耐寒，不择土壤。生长期保障充足光照，追施肥水，使茎、叶健壮，花盘大。盆栽用盆宜深大，盆土肥沃、排水好。及时抹除侧生腋芽，以使茎顶花序发育，盘大花艳。

园林用途：作花境、盆栽、切花。

22. 天人菊 *Gaillardia pulchella*

科属：菊科，天人菊属。

识别要点（图 8-22）：一、二年生草本花卉。株高 30 ~ 50 厘米。全株被柔毛。茎直立，散生成丛，分枝较多。叶互生，卵状披针形，近无柄，叶形变化较大，有锯齿或缺刻。头状花序，花梗细长，舌状花常单轮，花瓣先端有缺刻，花瓣基部常有深褐色环；花色淡黄至暗红。花期 7 ~ 10 月。瘦果。

原产地：北美。

繁殖：播种繁殖。种子千粒重1.7克。春播或秋播。北京地区多于4月中下旬播种于露地苗床，秋播幼苗宜冷床越冬。发芽温度15～18℃，8～10天发芽。

习性与栽培：喜光，耐炎热而干燥的气候。生长适宜温度12～15℃。耐夏热，耐干旱，生长强健。宜排水良好的疏松土壤，耐肥。生长发育期应保证一定的水分，并适时追肥，可促进分枝多，开花繁茂。具自播性和宿根性。

园林用途：作花丛、花坛、花境，亦可盆栽和作切花。

23. 黄波斯菊 *Cosmos sulphureus*

科属：菊科，波斯菊属。

识别要点（图8-23）：一年生花卉。株高60～90厘米。全株有毛。茎较细，上部分枝多，并抽生花梗。叶对生，2回羽裂，裂片条形。腋生头状花序，舌状花黄色至橘红色，有重瓣品种。花期夏秋。瘦果，有细长喙。

原产地：北美及墨西哥。

繁殖：春播为主，种子千粒重6.25克。4月初播种，可以迟播或分期播种。春播花期6～8月；夏播花期9～10月。

习性与栽培：喜光。不耐寒，不耐炎热，耐干旱。肥水过多会徒长，开花减少。生长习性强健。如植株过高。可在夏季修剪。

园林用途：作花坛、花境或组合盆栽。

图8-23　黄波斯菊

24. 一点缨 *Emilia sagittata*

科属：菊科，一点红属。

识别要点（图8-24）：一年生草本。株高40～60厘米。茎直立，纤细，光滑或有疏毛。单叶互生，椭圆状或卵状披针形，下部叶叶柄具狭翅，上部叶抱茎如箭状。头状花序，全为管状花，无舌状花，花梗细长；花红色、橙黄色。花期6～9月。瘦果。

原产地：亚洲热带。

图 8-24　一点缨

繁殖：种子千粒重 0.66 克。4 月初将种子播于露地苗床，极易出苗。苗株长出 1~2 片真叶时，可进行移栽。

习性与栽培：喜温暖、向阳、湿润。不耐寒。生长适宜温度为 20~25℃。对土壤要求不严，耐粗放管理。

园林用途：作花坛、花境，或作地被植物。

25. 毛地黄 *Digitalis purpurea*

科属：玄参科，毛地黄属。

识别要点（图 8-25）：多年生草本作二年生栽培。株高约达 1 米左右。茎直立，全株被毛。基生叶莲座状，叶卵状披针形，表面多皱，叶背网脉明显，茎生叶较小，互生。顶生总状花序，花梗粗壮，小花筒状，唇形花冠；花色紫、桃红或白，下唇有斑点。花期 5~6 月。蒴果。

原产地：欧洲、北非和西亚。

繁殖：播种繁殖。秋播，可于 9 月盆播或露地苗床育苗。播种适宜温度为 20℃，初期生长缓慢。

习性与栽培：性较耐寒、耐旱、耐半荫，一般园土都可栽培，尤喜富含有机质的肥沃土壤。栽培过程中要勤施肥，肥液避免沾污叶片，以防病害和烂叶。花后剪去花梗，翌年能再次抽梗开花。

园林用途：作丛植、花坛、花境及切花，也可作盆花观赏。

图 8-25　毛地黄

26. 紫茉莉 *Mirabilis jalapa*

科属：紫茉莉科，紫茉莉属。

识别要点（图 8-26）：多年生草本，作一年生栽培。株高 50~80 厘米。茎较粗壮，直立，多分枝。叶对生，卵形或卵状三角形。花顶生，无

图 8-26　紫茉莉

花瓣，萼片瓣化；花色白、红、紫、黄，时有条纹或斑点。花期夏秋。瘦果球形。

原产地：美洲热带。

繁殖：播种。4 月初点播于露地苗床。种子千粒重 109 克，能自播。

习性与栽培：喜光，喜温暖湿润环境，不耐寒。不择土壤，适应性强。幼苗生长迅速，移栽避免伤及主根。夏季酷热期须及时浇灌。

园林用途：作花坛、花境或盆栽，也宜作地被植物。

27. 醉蝶花 *Cleome spinosa*

科属：白花菜科，醉蝶花属。

识别要点（图 8-27）：一年生草本。株高 90 ~ 120 厘米。茎粗壮，直立。掌状复叶。小叶 5 ~ 7 片，阔披针形，大叶柄细长，基部具成对的托叶状刺。总状花序，花基数 4，萼片和瓣片等长，花瓣常有爪，雄蕊 6 枚，花丝长，伸出花外；花色雪青，有桃红及白色变种。花期 7 ~ 10 月。蒴果。

图 8-27　醉蝶花

原产地：热带美洲。

繁殖：播种。早春 3 月中下旬可于温床播种育苗，播后覆土不宜过深，保持床土湿润，10 ~ 15 天可发芽，苗高 5 ~ 6 厘米时即可移栽，4 月可行定植。

习性与栽培：喜温暖、通风、向阳环境。略耐荫，不耐寒，要求园土疏松、肥沃。生长期应经常浇水，并施以稀薄液肥，注意追施磷钾肥，防止氮肥过多而引起徒长。

园林用途：作花丛、花境、盆栽和切花。

28. 马络葵 *Malape trifida*

科属：锦葵科，马络葵属。

识别要点（图 8-28）：一、二年生草本。株高 40 ~ 70 厘米。直立，多分枝。茎叶光滑。叶互生，上半部呈浅裂，有齿，具长柄，略带紫红色。花

图 8-28　马络葵

单生叶腋；花瓣 5 枚，红色，基部红紫色；花冠下具 3 个心形离生苞片。花期 5～6 月。

原产地：西班牙及北非。

繁殖：秋季 8 月下旬至 9 月上旬露地苗床播种或盆播。

习性与栽培：喜温暖、向阳环境，耐寒力弱。适宜在排水良好的砂质壤土上生长。北方地区植株越冬，需要采取防寒措施。露地移栽要浇足水，生长期应注意摘心，以促其矮化和分枝。

园林用途：作花坛、花境，也可盆栽。

29. 月见草 *Oenothera odorata*

科属：柳叶菜科，月见草属

识别要点（图 8-29）：多年生草本，常作一、二年生栽培。株高 60～80 厘米。植株直立或斜生，少分枝，具粗长毛。叶对生，下部叶条状倒披针形；茎生叶无柄，披针形，具不整齐疏齿，长 10 厘米。单花腋生于枝中上部；花黄色，后转为带红色；有芳香，傍晚至夜间开放。花期 7～9 月。蒴果近圆形。

原产地：智利、阿根廷。

繁殖：播种。在暖地秋播或春播均可，北京地区多春播。能自播繁殖。

习性与栽培：喜生于阳光充足处，不耐荫。有一定耐寒性，生长期为4～10 月。喜排水良好的砂质壤土。从定植至开花期间应保证适量的水肥供给。

园林用途：作花境及地被植物。

30. 蓝亚麻 *Linum perenne*

科属：亚麻科，亚麻属。

识别要点（图 8-30）：一、二年生草本。株高 30～40 厘米。丛生性。茎纤细，柔软，顶梢下垂。叶互生，细而多，条形，具 1～3 主脉。花顶生或腋生，花梗较细，下垂，花

图 8-29　月见草

冠5裂；花蓝色，有白色变种。花期6～9月。蒴果，球形。

原产地：欧洲。

繁殖：播种。3月上旬至4月上旬直播于露地花坛，经间苗、定苗、摘心养成大花株。

习性与栽培：幼苗长到20厘米高时摘心，以促进其分枝。定植在地势高燥的土壤中。喜阳光充足而温暖的气候环境，若光照不足，则植株细弱，不易开花，叶子也稀疏。喜疏松而排水良好的土壤，不耐黏重土壤。不耐湿，不宜过多浇水，雨季忌积水。

园林用途：作花坛及切花配材。

图8-30　蓝亚麻

（二）宿根花卉

31. 大花萱草　*Hemerocallis middendorffii*

科属：百合科，萱草属。

识别要点（图8-31）：多年生宿根草本。株高70～80厘米。根状茎纺锤形，肉质，具发达的根群。叶丛生，线形至线状披针形，中脉明显，叶拱形下垂。聚伞花序，小花漏斗型花冠，花瓣略反卷。花色有黄、橙，变种有橙红、玫红、朱红等品种。花期6～7月。蒴果。

图8-31　大花萱草

原产地：中国，分布中欧至东亚。

繁殖：分株繁殖为主，春、秋均可进行。每丛需带2～3节的根茎，当年冬季需适当防护越冬。

习性与栽培：喜光，亦耐半荫，在散射光下生长良好，最好每天有6小时的光照。耐寒，冬季地上叶丛枯黄。土壤适应性广，以湿润、肥沃、土层深厚、排水良好为佳。生长期注意供水，生长后期应控制浇水，以防徒长，雨季应及时排水，防止积水受涝。生长前期可每 2 周进行 1 次追肥，宜用含氮少的复合肥料。花后剪除花梗，以减少养分消耗。入冬前剪去地上部，并浇灌冻水。

园林用途：作花境、花丛及切花，宜庭院栽植。

图 8-32　金光菊

32. 金光菊　*Rudbeckia laciniata*

科属：菊科，金光菊属。

识别要点（图 8-32）：多年生宿根草本。株高可达 1.8 米。茎秆细，多分枝。叶互生，基生叶羽状 5 ~ 7 裂，茎生叶 3 ~ 5 深裂或浅裂，叶卵形至狭卵形，缘有锯齿，无托叶。头状花单生或数朵，有长总梗，总苞苞片稀疏，叶状。舌状花金黄色，倒披针形而下垂；管状花黄绿色。花期 7 ~ 10 月。瘦果。

原产地：北美，分布世界各地。

繁殖：分株。于早春发芽时将全株掘起，每 3 ~ 4 个芽带根分离即可栽植。地栽株距 50 厘米。亦可播种繁殖，春、秋均可，保持基质温度 21℃，约 14 天可以出苗。

习性与栽培：喜光，要求阳光充足。耐寒，也适应夏热，生长旺盛。对土壤适应性广。春季发芽后需供水，耐干旱，怕水涝。花后应剪除残花，秋季需作整理。2 ~ 4 年翻种一次。

园次用途：作花境、切花。

33. 松果菊　*Echinacea purpurea*

科属：菊科，松果菊属。

识别要点（图 8-33）：多年生草本。株高 60 ~ 90 厘米。茎直立，有粗糙感，丛生性，叶互生，卵形至广披针形，主脉明显，具缺刻状锯齿。头状花序，径 10 ~ 15 厘米，盘心花黑紫色，圆球形；盘边花玫瑰紫色。花期晚春至秋季。

原产地：北美。

繁殖：以播种繁殖为主，亦可分株繁殖。播种繁殖，春秋均可进行。早

图 8-33　松果菊

春 4 月露地直播，7、8 月开花；秋播可于翌年 5 月开花。采用不同的播种期可控制花期。

习性与栽培：喜光，植于阳光充足处开花良好。耐寒，可以露地越冬。耐热，适应性广。土壤宜排水良好。根系肉质，不耐移植。3 月中旬及时浇返青水；3 ~ 6 月注意保持土壤湿润；雨季排水防涝，且防止植株倒伏。花后修剪，秋末清理园地、施基肥。入冬浇足冻水。

园林用途：作丛植、花境、花坛及切花。

34. 牛眼菊 *Chrysanthemum leucanthemum*

科属：菊科、菊属。

识别要点（图 8-34）：多年生草本。株高 30 ~ 60 厘米。直立，单生或稍有分枝。单叶，下部叶有长柄，倒披针至长椭圆形，叶缘具锯齿，中部叶披针形。头状花序，花径 3 ~ 6 厘米；舌状花单轮，白色；管状花黄色。花期不集中，5 ~ 6 月始花。

原产地：欧洲、亚洲、北美洲及大洋洲。

繁殖：秋季分株、播种，或嫩枝扦插。

习性与栽培：耐寒性强。生长健壮。喜日照充足。宜排水良好的肥沃壤土。

园林用途：作切花，布置庭园、绿地。

图 8-34　牛眼菊

35. 一枝黄花 *Solidago canadensis*

科属：菊科，一枝黄花属。

识别要点（图 8-35）：多年生宿根草本。株高 1 ~ 1.5 米，叶为披针形，全缘或具锐锯齿，质薄，下表皮有毛，具 3 脉。圆锥花序生于枝端和叶腋，稍弯曲偏向一侧。花黄色，舌状花短小。花期 7 ~ 9 月。

原产地：北美。

图 8-35　一枝黄花

繁殖：以分株繁殖为主，也可用播种繁殖。分株多于春、秋两季进行，以 3 月上旬最宜。播种于 3～4 月进行。

习性与栽培：喜凉爽、向阳、干燥的环境。耐寒、耐旱，对土壤要求不严。宜排水良好的壤土或砂壤土。3 月中旬及时浇返青水、施基肥。生长发育期适时浇水、中耕、除草和修剪。雨季防涝、防倒伏。适当施以磷、钾肥，可使茎干挺拔。

园林用途：作花境、切花。

36. 早小菊 *Dendranthema morifolium* cv.

科属：菊科，菊属。

识别要点（图 8-36）：多年生草本。株高 30～50 厘米。茎直立或攀援，基部半木质化。叶互生，有柄，卵形至披针形，羽状深裂或浅裂。头状花序数朵集生于枝顶端，花径在 5 厘米以下；花量大，每株开花几十朵，甚至几百朵；花色有白、黄、橙、粉、紫等。花期 8～11 月。

原产地：中国。

繁殖：播种、分株、扦插均可。播种可于 4 月上、中旬露地直播；分株一般于 3～4 月进行；扦插繁殖于 5～6 月结合修剪进行最宜。

习性与栽培：喜光、耐寒、耐干旱，忌水涝。最适在深厚、肥沃、排水良好的砂质壤土中生长。北京地区可露地越冬。适时适量对早小菊进行修剪是避免徒长、倒伏、花少的重要措施，修剪时间、修剪量依植株生长情况和修剪目的而定。亦有部分优良品种不经修剪也能自然形成株矮、枝密、花多的形态。

园林用途：作花坛、花境、花丛及切花，也是盆栽、组合盆栽的佳品。

图 8-36　早小菊

图 8-37　锥花福禄考

37. 锥花福禄考 *Phlox paniculata*

科属：花荵科，福禄考属。

识别要点（图 8-37）：多年生宿根草本。株高 60 ~ 100 厘米。茎粗壮直立。叶呈十字状对生，茎上部叶常呈 3 叶轮生，无柄，矩圆至椭圆形，先端尖。圆锥花序顶生，小花高脚碟形；花色有堇紫、酒红、粉红和白。花期 7 ~ 8 月。

原产地：北美。

繁殖：可用分株、压条和扦插。分株宜在早春或秋季进行。压条可在春、夏、秋季进行。扦插分为根插、茎插及叶插。根插可于分株时截取根段；茎插多在花后进行；叶插于夏季取具有腋芽的叶片，插入砂土中，1 个月左右可生根。

习性与栽培：喜光，要求阳光充足。耐寒，可以露地越冬。夏季炎热，易出现焦边干枯的现象。土壤要求排水良好、肥沃，可以适应一般土壤，但忌积水。生长期需供水充分，保持土壤湿润，可施 1 ~ 3 次追肥。叶片较密集，注意叶面不可积水，保持通风良好的环境。秋季应修剪清理，每 3 ~ 4 年要翻种或分株 1 次，以防衰老。

园林用途：作花坛、花境及盆栽，也可作切花。

38. 桔梗 *Platycodon grandiflorus*

科属：桔梗科，桔梗属。

识别要点（图 8-38）：多年生宿根草本。株高 30 ~ 80 厘米。根肥大多肉质。圆锥形。茎直立丛生，高 40 ~ 120 厘米。叶互生，或少数轮生，卵状披针形，边缘有锯齿，叶背被白粉。花常单生枝端，花冠钟状，5 裂，现蕾时似僧帽。多花性。花蓝色，有白色、浅雪青色品种及重瓣变种。花期 6 ~ 8 月。蒴果。

原产地：中国。

图 8-38　桔梗

繁殖：以分株为主，也可播种，春季进行。播种常直播于苗床，经间苗秋季或次春

图 8-39 阔叶麦冬

定植。

习性与栽培：喜阳光充足，耐半荫。耐寒。宜凉爽、湿润的环境。土壤宜排水良好的砂质土壤。花前需追肥 1～2 次，有利开花。秋后剪去上部枝叶，覆土越冬。

园林用途：作花境，花丛和开花地被，也可布置岩石园。

39. 阔叶麦冬 *Liriope platyphylla*

科属：百合科，麦冬属。

识别要点（图 8-39）：多年生宿根草本。根肉质具小块根。叶宽线形，有明显横脉，全缘，长约 40～50 厘米，丛生，墨绿色。花葶自叶腋处伸出，直立，长 30～60 厘米。总状花序，顶生，花小、密集，花白色或浅紫色。花期 7～8 月。浆果圆形，蓝黑色。

原产地：中国、日本。

繁殖：分株，早春进行。

习性与栽培：喜阴湿，忌阳光直射，宜散射光或林荫下栽培。较耐寒，可耐 －10℃ 左右。土壤要湿润、排水良好。生长期要供给充足水分，保持土壤湿润。适时进行除草、中耕、摘除黄叶等工作。

园林用途：作地被及盆栽。

40. 白头翁 *Pulsatilla chinensis*

科属：毛茛科，白头翁属。

识别要点（图 8-40）：多年生草本。株高 30 厘米左右。地下块茎肥厚，根圆锥形，有纵纹。全株被白色长柔毛。叶基生，3 裂状，裂片 4～5 缺刻，多毛，叶缘有锯齿。花梗自叶丛中央抽生而出，顶端着花 1 朵，漏斗状钟形，萼

图 8-40 白头翁

片瓣化；花蓝紫色，花被白色柔毛。花期4～5月。瘦果宿存，具较长的银白色毛。

原产地：中国，欧洲、亚洲等部分地区。

繁殖：播种、分株、分割块茎繁殖。播种于早春3月上旬或秋季播于苗床，播后需覆草保湿。发芽适宜温度为18～23℃。分株繁殖秋季进行。分割块茎，可在秋末掘起地下块茎，用湿沙堆积于室内，翌春3月上旬在冷床内栽植催芽，萌芽后将块茎各部分用刀切开，每段要带有萌发的顶芽，栽于露地或盆内。

习性与栽培：喜光，耐半荫。耐寒。喜排水良好的砂质壤土，不耐盐碱和低温地。幼苗期生长缓慢，需加强管理。

园林用途：作花境、地被，亦可盆栽。

（三）球根花卉

41. 中国水仙 *Narcissus tazetta* var. *Chinensis*

科属：石蒜科，水仙属。

识别要点（图8-41）：多年生球根花卉。鳞茎球形，外被褐色膜质鳞片，鳞茎外侧着生小鳞茎。鳞茎底部有根系，白色肉质，为一年生，而大鳞茎为多年生。叶基生，狭长而扁平，条形，先端钝，呈二列状。花蕾由1个膜质的苞片包住，伞形花序，花冠6片，外围的3片为萼片瓣化而成，内3片为花瓣，花中心有副花冠。雄蕊着生于花冠内。花瓣白色略呈淡黄，副花冠黄色，花具清香，故别名又叫“金盏银台”。按花型分，又有重瓣和单瓣之分，重瓣者古称“玉玲珑”，花形奇特，但香味较差；单瓣者花形秀丽，香味浓厚。花期12～3月。蒴果。

图8-41　中国水仙

原产地：中国。

繁殖：秋季分球。北京地区气候条件不适，尚不能大面积地栽繁殖。

习性与栽培：秋植球根花卉。宜于冬季温暖而湿润的气候条件下生长，尤以冬无严寒，夏无酷暑，春秋多雨的地方为好，喜阳光充足，略耐半荫。要求湿润、肥沃的砂质土，pH值为5～7.5。半耐寒，生长温度，前期为

16℃，后期为24℃。北京地区室内观赏栽培常用水养法，其栽培要领有：①选球：选择鳞茎硕大，扁圆形，有背、腹面之分；侧球对称，球较紧密；膜质鳞片成熟、质薄、呈棕褐色，有光泽，易剥落；球颈部收得较紧，茎盘底部较广；无病虫危害的球。②雕刻：形式有笔架式和蟹爪式两种，其他形式都是在此基础上变化而成。笔架水仙即将球纵切，使鳞茎内花芽利于抽生。而蟹爪水仙，则雕刻时刻伤叶或花梗的一侧，未受伤部位与受伤部位生长不平衡，即形成卷曲。③水养管理：首先是养根，保持水容器的清洁，勤换水，可以用药棉之类将根部盖住。充足的阳光是水养水仙的必要条件，有助于叶色葱绿、株丛短而壮，避免叶片徒长而不能开花。8～12℃的室温条件下，笔架式约60天开花，蟹爪式约45天开花。

园林用途：室内水养，江南温暖地区可林下丛植。

42. 石蒜　*Lycoris radiata*

科属：石蒜科，石蒜属。

识别要点（图8-42）：多年生草本。地下鳞茎广椭圆形。外被紫红色膜质外皮，花后抽叶，叶5～6片丛生，呈窄条形，叶面深绿色，背面粉绿色，长30～60厘米。花葶刚劲直立，先叶抽出，高约与叶相等，花5～7朵呈顶生伞形花序，花鲜红色，花被6片向两侧张开翻卷，每片呈倒披针形，基部花筒短，雌雄蕊均伸出花冠之外。子房下位，花后不易结实。花期8～9月。

图8-42　石蒜

原产地：中国和日本。

繁殖：分球繁殖。入夏叶片枯黄后将地下鳞茎掘起，掰下小鳞茎分栽。鳞茎不宜每年采收，一般定植后每隔3～4年掘起分栽一次。

习性与栽培：秋植球根花卉。性质强健，有一定耐寒性。喜阴湿环境，忌阳光直射，喜富含腐殖质的砂质壤土。定植时可先开沟，株距按种类高矮而定，一般12～40厘米。栽后覆土约3～6厘米。栽前可施有机肥。生长期注意浇水，保持土壤湿润，但不能积水。花后及时剪掉残花，以保持株丛整齐。黄河流域以北地区于冬季进行覆盖防寒。

园林用途：作花境、地被、切花，也可用于园林树丛、林间隙地和岩石园种植。

43. 百合类　*Lilium* spp.

科属：百合科，百合属。

图 8-43　百合

识别要点（图 8-43）：多年生球根花卉。鳞茎由披针形肉质鳞片抱合形成，为无皮鳞茎，球形，白色或淡黄至赤褐色。鳞茎中央有顶芽，以后抽生地上部分茎秆。鳞茎底部的底根，数年不枯死，具吸收养分、固定作用。鳞茎到地面着生的茎称为地下茎，上面有小鳞茎，可以繁殖；地下茎上着生的根称为茎根，一般当年随地下茎一起枯死。地上茎不分枝，高矮随品种而异，在春季才迅速生长至开花。叶互生、对生或轮生，披针形，线形，无叶柄，平行脉。有的品种在叶腋有鳞茎似的珠芽，可以用来繁殖。花顶生、单生或呈总状花序，花被 6 枚，平展或反卷。花冠漏斗状，花色有白、黄、橙、红、褐等，花瓣常具斑点。花期 6～8 月。蒴果，3 裂，种子有翅。

原产地：中国、日本、北美、欧洲及其他地区。

繁殖：以分球繁殖为主，也可采用鳞叶扦插、珠芽繁殖、播种繁殖、组织培养等方法。

习性与栽培：秋植球根。喜光，在北方宜栽在阳光充足的地方。一般土壤均能栽培，但最好是深厚肥沃、排水良好的砂质壤土。在湿润和通气不良的条件下，鳞茎易腐烂。百合栽植一般在花后 2 个月约 9 月份结合掘球重新栽植，过迟则根部生长不良。栽植宜深，大部分品种在一般土壤中应深栽至 20 厘米左右，若土壤较粘则应适当浅栽。栽植前，应先将土地耕翻，并施入腐熟的堆肥和少量的磷、钾肥作底肥，生长旺季应追施液肥。生长期保持土壤湿润，花谢和结实之后要控制浇水，否则会引起鳞茎腐烂。盆栽土壤要求排水良好，可用 3 份砂质壤土、2 份粗珍珠岩、1 份苔藓组成，pH 值 6.7～7.0。促成栽培应注意温度、光照的调节，同时要选好基质和追肥配比。

园林用途：作切花、盆花、花境。

44. 葡萄水仙　*Muscari botryoides*

科属：百合科，蓝壶花属。

识别要点（图 8-44）：多年生草本。具地下卵圆形鳞茎，径约 2 厘米，外被白色膜质外皮，子球着生于母球发根部周围。基生叶半圆柱状线形，略呈肉质，长 15 ~ 20 厘米，深绿色，叶丛稀疏。花葶直立自叶丛伸出，高 15 ~ 25 厘米，顶端穗状，总状花序，着生壶形小花 12 ~ 20 轮，具小花梗，密生而下垂，呈碧蓝紫色。花期 4 月初至 5 月上旬。

图 8-44　葡萄水仙

原产地：南欧。

繁殖：分球繁殖。9 月中旬挖掘 3 年以上母球，将母球和子球分开后另行栽植。

习性与栽培：性喜温暖、忌湿，可耐半荫。耐寒性强。夏季有休眠习性，叶片易枯黄，秋后又萌生新叶。栽植前可施充分腐熟的堆肥作底肥。覆土厚度 5 ~ 6 厘米，约为球高的 2 ~ 3 倍。花坛栽植宜多数密植。入冬前应灌清水，早春及时灌溉，待抽花葶前追施 1 ~ 2 次速效液肥。盆栽可用壤土 2 份、腐叶土和砂各 1 份混合，施适量基肥。15 厘米直径盆可栽 5 ~ 6 球。栽后将盆株置于冷凉的室内，待其抽出花茎后移入温暖的室内。

园林用途：作花坛、花境的镶边材料或园林隙地作地被植物，也可作缀花草坪、岩石园栽植。

图 8-45　矮型多头大丽花

45. 矮型多头大丽花　*Dahlia pinnata*

科属：菊科，大丽花属。

识别要点（图 8-45）：多年生草本。株高 25 ~ 50 厘米。具有棒状的肉质块根。叶对生，羽状分裂。花径 5 ~ 7 厘米，分别有单瓣和重瓣花。花色繁多，有红、粉、白、紫、黄、奶白、砖红等多种颜色。花期 6 ~ 10 月。瘦果。

原产地：美洲。

繁殖：播种、扦插及分根。播种宜早春3、4月间播于露地苗床或盆播。扦插可于3月初将老根催芽后进行嫩枝扦插。分株于春季切割已发芽的块根，每块具1~2芽，另行栽植。

习性与栽培：要求阳光充足，通风良好，不耐寒，喜高燥、凉爽的环境。宜富含腐殖质、排水良好的砂质土壤。忌积水。生长期内应保持充足的肥水，雨季注意排水防涝。10月下旬挖出块根，使其外表充分干燥，再用干砂埋存。

园林用途：可作花坛、花境、丛植、盆栽及切花。

（四）水生花卉

46. 凤眼莲 *Eichhornia crassipes*

科属：雨久花科，凤眼莲属。

识别要点（图8-46）：多年生宿根植物。株高30~50厘米。漂浮水面或根生于浅水泥中。叶丛生，基部宽卵形。茎极短，葫芦形，海绵质，内藏空气，故能漂浮水面。穗状花序。花蓝紫色。花期7~9月。

图8-46 凤眼莲

原产地：南美。

繁殖：生长季节分株繁殖。取株上幼芽后投入水中，不久即生根。生长迅速，极易布满水面，必须控制。

习性与栽培：喜光。不耐寒，性喜温暖。在富含有机质的静水中，生长旺盛。华北地区以盆栽为主，春季取出越冬的母株，用无孔大盆，内装部分河泥，放水后将植株切分数芽，然后放置阳光处，即可迅速生长。每周可略施肥料于盆内。当植株在盆内生长过分拥挤时，可适当间除部分植株，以利通风，使之生长健壮。

园林用途：用于水景园。

47. 千屈菜 *Lythrum salicaria*

科属：千屈菜科，千屈菜属。

识别要点（图8-47）：多年生宿根草本。株高80~120厘米。丛生性强。茎直立，四棱形，多分枝。单叶对生，披针形，无柄，全缘，叶背网脉明显。顶生密集穗状花序，苞片卵状三角形，萼筒管状宿存，花瓣6枚，冠

图 8-47　千屈菜

径约 2 厘米，花色为紫、深紫或淡红等。花期 7～9 月。蒴果卵形。

原产地：欧、亚温带地区。

繁殖：以分株繁殖为主，也可用扦插、播种繁殖。分株于春季 4～5 月间掘起根丛，带数芽分切为一丛，另行栽植或上盆。扦插多在6～7 月进行，新枝剪截后插于苗床或浅盆，注意遮荫并保持基质湿润，1 个月左右可生根发芽。播种宜在春季进行，要求基质潮湿，保持 15～20℃，10 天左右可发芽。

习性与栽培：宜盆栽，也可植于水边、浅水滩，亦可露地旱栽（陆生时高 30～50 厘米），但要求土壤潮湿。盆栽需要肥沃的河泥，并需施足基肥。平时要保持盆土湿润。开花前需逐渐使盆面保持水深 5～10 厘米，并置于阳光下通风处。冬季需剪去植株地上部分，放入冷室越冬。在露地水边栽植，剪去枯枝，让其自然越冬。

园林用途：池边、低洼地种植，作盆栽、切花。

48. 王莲　*Victoria amazornica*

科属：睡莲科，王莲属。

识别要点（图 8-48）：大型多年生水生草本。根状茎短而粗，直立、具刺。发芽后，前几片叶较小，曲线形至近圆形，浮水而生。成株的叶圆形，叶缘向上折转；叶片巨大，直径可达 120～150 厘米；网状脉，叶柄粗而长，叶背及叶柄具刺。花单生水面，花径 20 厘米左右，1 朵花开 2 天。一般午后开放，花白色，次日上午闭合，傍晚又开放，花色逐渐变至深紫色后谢花。果为球形，水中成熟，每果有种子 200～300 粒，种子黑色。

原产地：南美亚马孙河。

繁殖：以播种为主，早春 2 月下旬在温室进行。种子采收后应在水中贮藏，以保持发芽力。播种于装有肥沃河泥的浅盆中，连盆放入能加温的水池（槽）中，水深 5～10 厘米，水

图 8-48　王莲

温保持在30℃左右，10～20天可以发芽。发芽后逐渐增加浸水深度，待外面气温25℃左右时，可移入水池栽培。

习性与栽培：性喜高温高湿、阳光充足的环境和肥沃的土壤。在气温30～35℃，水温25～30℃，空气湿度80%左右时生长良好。秋季气温下降至20℃时生长停止，冬季休眠，需在高温温室的水池内保存宿根越冬。为此，在我国大部分地区宜作一年生栽培。

园林用途：著名的水生观赏花卉，可用于美化水体或作专类水景园。

（五）木本花卉

49. 碧桃 *Prunus persica* var.

科属：蔷薇科，李属。

识别要点（图8-49）：落叶小乔木。高3～4米。小枝光滑，呈红褐色或绿褐色。芽密被灰色绒毛。叶椭圆状披针形，长7～15厘米，先端渐尖，缘有细锯齿，叶柄长1～1.5厘米，有腺体。花单生，单瓣或重瓣，花色有白、粉红、深红等。先花后叶。花期3～5月。

原产地：中国。

繁殖：以嫁接为主。砧木多用山桃或毛桃，以芽接法为宜。嫁接时间华北地区在7月中、下旬到8月上、中旬。嫁接成活苗可于当年秋后掘出假植越冬，翌春移植于苗床，2～3年后方可定植或上盆。

习性与栽培：喜光，耐旱，喜肥沃而排水良好土壤，不耐水湿。有一定耐寒力，在北京可露地越冬，但仍以背风向阳处为宜。北方多春植，要施足基肥，灌足定根水。施肥、灌水多在春及秋冬施行。花芽分化在7～8月间，一般在春夏季萌发的枝条上均可进行花芽分化，翌年春季开花。碧桃的修剪应以花后及夏季修剪为主，冬季休眠期修剪为辅，修剪宜轻，且以疏剪为主，多整成自然开心形。

图8-49　碧桃

园林有途：春季著名观赏花木。孤植、丛植于园林、庭院均甚相宜。尚宜盆栽、催花、或作切花、桩景。

50. 梅花 *Prunus mume*

科属：蔷薇科，李属。

识别要点（图 8-50）：落叶乔木。株高 4 ~ 10 米。树冠开张，树干褐紫至灰褐色，有纵驳纹，小枝细长，绿色。叶广卵形至卵形。先花后叶。花着生在一年生枝的叶腋，单生或 2 朵簇生，花色有白、红、粉红等，具芳香，单瓣或重瓣，萼片明显。花期 12 ~ 4 月。

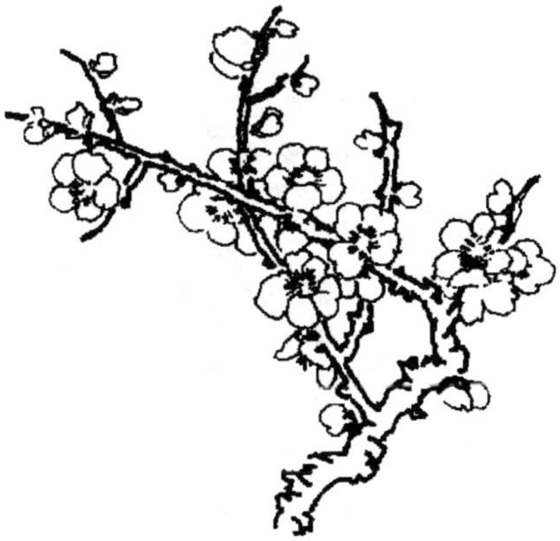

图 8-50　梅花

原产地：中国。

繁殖：多用嫁接法。可用山桃作砧木进行芽接。亦可用扦插、压条法繁殖。

习性与栽培：喜阳光。性喜温暖而略潮湿的气候，有一定耐寒力，在北京须种植于背风向阳的小气候良好处。耐旱，怕涝。以表土疏松、底土稍粘的微酸性土为最好。露地栽培每年冬季可在植株周围开沟挖穴，补充肥料。生长期的施肥、灌水均以春季开花前后为主，直至 5、6 月花芽将形成之前则应适当控制水分，增施肥料以促进花芽分化。梅花的叶芽、潜伏芽萌发力较强，耐修剪。枝干易抽徒长枝，常使树冠内枝干杂乱，影响通风透光，长势弱，开花少。整形方式以自然开心形为原则，以疏剪为主，短截则以轻剪为宜。冬季修剪主要除病枝、枯枝、徒长枝、密生枝等。春季花后修剪应注意调整树的姿势，对长枝要适当短截，促使多生花枝。夏季 5、6 月间可进行 2 次抹芽和摘心。盆栽梅花在生长期应注意浇水量，春季可按一般盆栽法管理，至夏初则行“扣水”法，即控制浇水量，使叶片略卷，顶芽逐渐枯尖。至秋末落叶后可用花期控制的方法，使之新年或春节开花。盆栽梅花在花后要对花枝短截，只保留基部 2、3 芽，使生成 2 ~ 3 个新梢成为新的花枝。修枝时应注意剪口芽的方向，同时还应疏除过密和位置不当的枝条。

园林用途：在园林中，宜用孤植、丛植、群植、林植等方式种植；也可栽成专类园；还可作切花或用于盆栽、盆景。

图 8-51　珍珠梅

51. 珍珠梅　*Sorbaria sorbifolia*

科属：蔷薇科，珍珠梅属。

识别要点（图 8-51）：丛生灌木。高 2 ~ 3 米。奇数羽状复叶，小叶 13 ~ 21 枚，卵状披针形，长 4 ~ 7 厘米，缘具重锯齿，无毛或脉腋间有柔毛。顶生圆锥花序，花小而白色，蕾时如珍珠。花期 6 ~ 8 月。蓇葖果，5 裂。

原产地：中国北部。

繁殖：以分株繁殖为主，春、秋均可进行。10 月下旬可将植株基部生长的萌蘖切下后进行假植，亦可将植株掘起后分株，假植后于春季栽植。亦可播种、扦插繁殖。

习性与栽培：喜光，较耐荫和干旱，在湿润、排水良好、疏松土壤条件下生长较快。可于春季裸根栽植，栽后浇透水。春季可将基部的过多萌蘖剔除，但多年生老株，则可每年适当留些萌蘖作更新枝保存。冬季休眠期，可将一年生枝基部留 3 ~ 5 个，进行短截，促使春季萌生出健壮枝条。

园林用途：园林中夏季观赏的优良花灌木。宜丛栽或作自然式绿篱，也可作耐荫树种配置。

52. 黄刺玫　*Rosa xanthina*

科属：蔷薇科，蔷薇属。

识别要点（图 8-52）：落叶丛生灌木。高 1 ~ 3 米。老枝灰褐色，小枝红褐色，有硬直皮刺。叶互生，奇数羽状复叶，小叶 7 ~ 11 片，广卵形至椭圆形，缘有细齿。花单生于短枝的顶端，黄色，重瓣或单瓣，径约 4 ~ 5 厘米，有芳香。花期 4 ~ 5 月。

图 8-52　黄刺玫

原产地：中国。

繁殖：多用分株、压条及扦插法。

习性与栽培：性强健，喜光，耐寒、耐旱，耐瘠薄。宜肥沃、砂质壤土。选日照充足和排水良好处栽植。春季裸根移植。生长期适时灌水。萌蘖力强，基部易发生多数萌蘖，除留作骨干枝或更新枝外，可自基部疏剪，以利通风透光。因花多着生于枝条顶端，故应少短剪。

园林用途：宜丛植、孤植或群植，也可作花带、绿篱及基础种植。

53. 紫丁香 *Syringa oblata*

科属：木犀科，丁香属。

识别要点（图 8-53）：灌木或小乔木。高可达 4 米。枝条粗壮无毛。叶广卵形，全缘。圆锥花序长 6 ~ 15 厘米，花萼钟状，花冠堇紫色，花药生于花冠筒中部或中上部。花期 4 ~ 5 月。蒴果长圆形。

图 8-53　紫丁香

变种有白丁香、紫萼丁香、佛手丁香。

原产地：中国。

繁殖：播种、扦插、嫁接、分株、压条繁殖。播种前种子须经层积，翌年春季播种。夏季用嫩枝扦插。嫁接可以小叶女贞作砧木，行靠接、枝接、芽接均可。

习性与栽培：喜光，稍耐荫。耐寒性较强。耐干旱，忌低湿。喜湿润、肥沃、排水良好的土壤。树势较强健，幼苗时须注意浇水，成年植株无需特殊管理，剪除枯弱枝、病枝及根蘖，以利调节树势及通风透光。盆栽丁香可于清明前后上盆，盆土底部施入氮、磷、钾混合的基肥。生长期间忌施肥过多或肥料过浓，忌土壤过湿。秋后移入低温室内，注意见干浇水。

园林用途：丛植、散植或配植成专类园，也可盆栽、促成栽培、切花等用。

54. 石榴 *Punica granatum*

科属：石榴科，石榴属。

识别要点（图 8-54）：落叶灌木或小乔木。高 2 ~ 5 米。常以根茎分枝成为多干植株。小枝有角棱，端常成刺状。叶倒卵状长椭圆形，无毛而有光泽，在长枝上对生，在短枝上簇生。花着生于小枝顶端，朱红色，花萼钟形，紫红色。花期 5 ~ 8 月。浆果近球形。

原产地：伊朗和阿富汗。

图 8-54　石榴

繁殖：以扦插为主，也可分株、播种。北京地区扦插石榴多在清明节前后，结合修剪工作进行。选取生长健壮的二年生枝，剪成长 10 厘米左右的插条，按株行距各 5 厘米插入插床，一般 2 个月左右即能生根成活。繁殖食用石榴及重瓣石榴，多采用此法。分株在早春叶芽萌动前挖取母株，切割分栽。播种繁殖多用于墨石榴和月季石榴。露地播种可在春季进行；室内播种，宜在春节前后。

习性与栽培：喜光，喜温暖气候，有一定耐寒能力，在北京地区可于背风向阳处露地栽植。喜肥沃湿润而排水良好之石灰质土壤，但可适应于 pH 值 4.5 ~ 8.2 的范围。有一定的耐旱能力。生长速度中等，寿命较长。石榴生长旺盛，花期较长，耗肥较多，栽培时应注意加强水肥管理。在整形修剪上，多采用开心的自然杯状整枝，日常管理应及时除去萌蘖、徒长枝、过密枝及衰老、枯枝。

园林用途：作地栽、盆栽、也宜作桩景和供瓶养插花观赏。

55. 木槿 *Hibiscus syriacus*

科属：锦葵科，木槿属。

识别要点（图 8-55）：落叶灌木。高 2 ~ 4 米。茎直立，嫩枝有绒毛。单叶互生，叶片三角状卵形或菱形，端部常 3 裂。花单生叶腋，径 5 ~ 8 厘米，单瓣或重瓣，有淡紫、红、白等色。花期 7 ~ 9 月。

原产地：东亚。

繁殖：多用扦插法。播种和压条也可，但北京地区较少采用。春季 3 月硬枝扦插，每穴宜插双株，以提高成活率。

图 8-55　木槿

习性与栽培：喜光，耐半荫。喜温暖湿润气候，也颇耐寒。适应性强，耐干旱及瘠薄土壤，但不耐积水。萌蘖性强，耐修剪。定植时宜施底肥。春天萌动至开花期间、秋后霜冻前应灌水，夏末秋初不可灌水。用作绿篱的苗木，长至适当高度时需修剪。用于观花的宜养成乔木形树姿。休眠期应剪除干枝、枯枝、过密的细弱枝和病虫枝。

园林用途：宜孤植、丛植，也可作绿篱及基础种植。

56. 锦带花　*Weigela florida*

科属：忍冬科，锦带花属。

识别要点（图8-56）：落叶灌木。高达3米。枝条开展，小枝细弱，幼时具两列柔毛。单叶对生，叶椭圆形或卵状椭圆形。花1～4朵成聚伞花序。萼片5裂，披针形。花冠漏斗状钟形，玫瑰红色，裂片5。花期4～6月。蒴果柱形。

产地：中国、朝鲜、日本。

繁殖：一般采用扦插法。休眠枝扦插在早春露地进行；半熟枝扦插于6～7月在荫棚内进行。

图8-56　锦带花

习性与栽培：喜光。耐寒。以深厚、湿润而腐殖质丰富的壤土生长最好。怕水涝。萌芽力、萌蘖力强，生长迅速。早春发芽前施1次腐熟堆肥，则可年年开花繁茂。雨季注意及时排涝，切忌根部积水。花开于1～2年生枝上，故在早春修剪时，只需剪去枯枝或老弱枝条，每隔2～3年进行一次更新修剪，将3年生以上老枝剪去，以促进新枝生长。花后及时摘除残花，增进美观，并能促进枝条生长。

园林用途：宜群植，也可作花篱，花丛配植。

57. 紫荆　*Cercis chinensis*

科属：蝶形花科，紫荆属。

识别要点（图8-57）：落叶灌木或小乔木。高可达8米。树皮暗褐色，老时粗糙纵裂。叶互生，近圆形，先端略尖，基部心形，全缘，主脉5出。花先叶开放，4～10朵簇生于老枝条上，花冠蝶形，玫瑰红色。花期4月。荚果条形。

图 8-57　紫荆

原产地：中国。

繁殖：以播种为主，也可分株。早春 3 月于露地播种，9 至 10 月采收种子后砂藏利于出苗。亦可在播前用温水浸种一昼夜，播后 1 个月可出芽。一年生幼苗应覆土防寒过冬。第二年冬仍需适当保护。分株可于早春或秋末结合移栽进行，将植株掘起后进行分株。

习性与栽培：喜阳光和温暖湿润的环境。耐旱、耐瘠薄土壤。喜肥沃、排水良好土壤，不耐淹。萌蘖性强，耐修剪。早春或晚秋移栽，宜选背风向阳之地，栽后浇透水。萌芽后可施稀薄液肥，落叶后施 1 次基肥。及时浇灌春水和冻水，平时土壤过干则浇 1 次透水。栽植 3 年内每年冬季应适当防寒。修剪多在早春进行，将干枯的先端及过密和过细的枝条剪除。

园林用途：作丛植、配植，亦可盆栽。

58. 凤尾兰 *Yucca gloriosa*

科属：百合科，丝兰属。

识别要点（图 8-58）：灌木或小乔木。高可达 5 米。干短，有时分枝。叶密集，螺旋排列茎端，质坚硬，有白粉，剑形，长 40 ~ 70 厘米，顶端硬尖，边缘光滑，老叶有时具疏丝。圆锥花序高 1 米左右，花大而下垂，乳白色，常带红晕。花期 6 ~ 10 月。

图 8-58　凤尾兰

原产地：北美。

繁殖：分株或扦插。春季将茎基部萌蘖带根切离母本进行栽植，极易成活。另可取侧枝进行扦插，扦插深度为 12 ~ 15 厘米。

习性与栽培：喜光、喜温暖，性

强健。稍耐寒、耐旱、耐湿。喜微酸性土壤，对有毒气体抗性较强。春季移栽应施基肥，栽后充分灌水，极易成活。生长季节松土、施肥，越冬前剪除一部分老叶，并在植株基部培土，可促使萌蘖的发生。

园林用途：作孤植、列植及花坛中心植物。

二、温室花卉

（一）草本花卉

59. 肾蕨 *Nephrolepis cordifolia*

科属：骨碎补科，肾蕨属。

识别要点（图 8-59）：多年生草本蕨类。株高 30～60 厘米。根茎较短。叶丛生，叶长条形，质软呈拱形，羽状深裂，裂片条形。异型叶，孢子囊群着生叶背，肾形。主要品种有波斯顿蕨，叶三角状卵形，羽状深裂，裂片皱折。

图 8-59　肾蕨

原产地：中国南部，热带、亚热带地区。

繁殖：分株繁殖。春季进行。

习性与栽培：喜温暖潮湿和半荫环境，忌阳光直射。不耐寒，冬季需 10℃以上。生长最适温度为 20～22℃，在夏季高温高湿条件下生长迅速。对土壤的要求不太严格，以排水良好、疏松的土壤为佳。适合浅盆栽培，置于散射光处。生长季节须保持较高的空气湿度，夏季高温时要充分浇水，喷洒叶面，并注意通风。冬季停止向叶面喷水，室温保持 5℃以上即可安全越冬。

园林用途：作盆栽、吊盆、切叶。

60. 西瓜皮椒草 *Peperomia sandersii*

科属：胡椒科，椒草属。

识别要点（图 8-60）：多年生草本植物。株高 20～30 厘米。叶卵圆形，盾状着生，厚而有光泽，淡绿色，叶柄红褐色。主脉 11 条，辐射状，叶脉间有银灰色白色斑条，状似西瓜皮的斑纹。穗状花序鼠尾状。春季开花。

原产地：南美洲和亚洲热带地区。

繁殖：分株或叶插法。分株可于春、秋两季进行。挑选母株根基处发有

图 8-60　西瓜皮椒草

新芽的植株，结合翻盆换土，切取新芽分栽。扦插宜在 5～10 月，选取生长充实健壮的叶片。保留叶柄 2～3 厘米，斜插于苗床中。

习性与栽培：性喜高温、多湿、半荫的环境。最佳生长温度为 20～30℃。超过 30℃ 和低于 15℃ 则生长缓慢。耐寒性稍差，越冬温度应保持在 13℃ 以上。栽培土壤应选用疏松、透气、排水良好的轻质培养土。生长季节保持盆土潮润，特别注意浇水宁少勿多，太湿会引起茎腐烂。生长期应每月施液肥 1～2 次，也可用 0.1%～0.2% 的尿素作根外追肥。

园林用途：作小型盆栽。

61. 虎耳草　*Saxifraga stolonifera*

科属：虎耳草科，虎耳草属。

识别要点（图 8-61）：多年生草本植物。叶自基部簇生，肉质，叶面绿色，具有白色网状脉纹，背面为紫红色，或带有斑点，两面均有白色绒毛，形似虎耳。花茎基出，高 10～30 厘米，有分枝。圆锥形花序，花小，花梗较小，白色小花不整齐，上 3 瓣各有 5 块深红色或黄色斑点。花期 5～8 月。

原产地：中国。

繁殖：分株繁殖。春末至秋初将匍匐枝上的小植株剪下，集中植于浅培养盆中，加盖玻璃或塑料薄膜，保持较高的湿度，待根系发达再分栽于小盆中。

习性与栽培：喜散射阳光、温暖、湿润的环境，忌阳光直晒。不耐寒，生长适宜温度为 15～25℃，越冬最低温度应不低于 12℃。盆栽可用腐叶土、泥炭土和细砂土混合。每年春季换土换盆，或开花后更新植株。生长季节需要较高的湿度，盆土经常保持湿润，但不能积

图 8-61 虎耳草

图 8-62　白粉藤

水。每半月左右施 1 次有机液肥。

园林用途：作盆栽、吊盆。暖地作地被或用于岩石园绿化。

62. 白粉藤 *Cissus rhombifolia*

科属：葡萄科，白粉藤属。

识别要点（图 8-62）：多年生常绿草本。蔓生。叶由 3 小叶组成，菱形，有短柄，叶柄较长。新叶常被银色绒毛，成熟叶呈光亮深绿色，叶背有棕色小绒毛。卷须末端分叉卷曲。

原产地：美洲热带地区。

繁殖：嫩枝扦插，8 月份温室内进行。

习性与栽培：喜明亮半荫环境，忌直射阳光。性喜温暖、湿润，不耐寒，但对环境温度适应性较强，在 10 ~ 15℃ 环境下仍可生长。盆栽可用泥炭土、腐叶土加 1/4 河沙或珍珠岩以及少量基肥作培养土。早春在新芽大量生长之前换盆。夏季浇水要见干见湿，冬季如在较暖的室内可稍喷水。在新叶长出以后直到 9 月，每两周施液肥 1 次。因其野生性较强，且枝条繁茂密生，可设计造型，剪去多余的枝条。

园林用途：作盆栽、吊盆。

63. 非洲紫罗兰 *Saintpaulia ionantha*

科属：苦苣苔科，非洲紫罗兰属。

识别要点（图 8-63）：常绿宿根草本。植株低矮约 20 厘米，全株被绒毛。叶基生，卵圆形，深绿色，叶丛莲座状。多花性，花色、花型丰富，有单瓣、重瓣。花色有白、粉红、紫、雪青、蓝紫等。花期夏秋，有些品种可以四季开花。

原产地：热带非洲印度洋沿岸地区。

图 8-63　非洲紫罗兰

繁殖：播种、扦插和分株法

繁殖。播种春秋皆可进行，以 9 ~ 10 月播种最好。种子细小，播后不必覆土，保持湿润，温度 20 ~ 25℃，约 15 ~ 20 天发芽。叶片带叶柄 2 ~ 3 厘米插于砂或蛭石等基质中。分株宜在春季换盆时进行。

习性与栽培：性喜半荫、温暖、湿润环境。夏季忌强光和高温，应遮荫，温度保持在 30℃以下，并注意通风。生长适宜温度 18 ~ 25℃，冬季室温不可低于 10℃。喜疏松、肥沃、排水良好的腐殖质土壤，pH 值 6.8 ~ 7.2。栽培过程中，应经常保持较高的空气湿度，适当浇水，夏季喷水降温和增加空气湿度。注意通风良好，切忌强光直射。每半月追施腐熟的液肥 1 次，盛夏及越冬时不施追肥。

园林用途：作小型盆栽。

64. 白网纹草 *Fittonia verschaffeltii* var. *argyroneura*

科属：爵床科，网纹草属。

识别要点（图 8-64）：多年生草本植物。植株矮小。叶对生，卵形，翠绿色。从叶基伸出的主脉和靠主脉交错密生的侧脉，再横生细脉，呈现出纹状的白色网纹，显眼明目。

图 8-64 白网纹草

原产地：南美洲。

繁殖：5 ~ 8 月扦插繁殖。

习性与栽培：喜温暖湿润和散射光照的环境，忌直射阳光，耐荫性强。宜 20 ~ 32℃的环境，冬季室温保持在 15 ~ 20℃。注意室内温度的变化，及时调整温度。每天应有 4 ~ 6 小时散射光照。日常管理要供给充足的水分，春、夏、秋三季应掌握“宁湿勿干”的原则，但不能积水，冬季要用温水浇灌。盆苗应多次摘心，促进多分枝。较老植株，可结合繁殖进行重剪，以达到更新之目的。

园林用途：作盆栽、吊盆、景箱栽植。

65. 紫绒三七 *Gynura aurantiaca*

科属：菊科，土三七属。

识别要点（图 8-65）：多年生草本植物。多分枝，茎多汁，幼时直立，长大后卧俯蔓生。叶互生，卵圆形，幼叶呈紫色。茎叶等处都覆有紫色绒毛。头状花序，圆锥花萼，花黄色或橙黄色。花期 4 ~ 5 月。

原产地：亚洲热带地区。

繁殖：扦插繁殖，也可用水养法。

习性与栽培：喜光照充足、高温、高湿的环境条件。生长适宜温度为 18 ~25℃，冬季宜在 12℃ 以上。盆栽土壤一般用园土、泥炭土、腐叶土按 2:1:1 混合配制。在生长期掌握“宁湿勿干”的浇水原则，切忌直接把水喷在叶面上，否则叶片极易变质腐烂。冬季保持中等水量，相对湿度 50% ~60%。生长期可每周施肥 1 次，氮肥不要过多，以免引起徒长，且叶色淡化，多施磷、钾肥。每年换盆 1 次。

图 8-65　紫绒三七

园林用途：作中小型盆栽、吊盆、组合盆栽。

66. 海芋　*Alocasia macrorrhiza*

科属：天南星科，海芋属。

识别要点（图 8-66）：多年生草本。株高可达 1.5 米。茎粗壮。叶大，阔箭形。佛焰苞黄绿色。假种皮红色。

原产地：中国。

繁殖：播种或分株。均可春季进行。分株时伤口上涂以木炭粉，植入插床，保持中等湿度，待芽出现，即可上盆。对名贵品种，也可在茎部斜切，深 3 ~4 厘米，填入水苔后包裹起来，促其产生不定芽，然后再移植。

图 8-66　海芋

习性与栽培：喜高温和多湿，夏天忌直射光。生长适宜温度为 28 ~30℃，最低温度为 15 ~20℃。土壤不宜过湿。盆栽用土可用泥炭土、腐殖质壤土和河沙等量混合。夏季要适当遮荫，并在叶面喷水，以保持温度。冬天应控制浇水，土壤不能过湿，以免烂根。

园林用途：作中、小型盆栽。

67. 大叶花烛 *Anthurium andraeanum*

科属：天南星科，花烛属。

识别要点（图 8-67）：多年生附生常绿草本植物。株高 1 米左右。根略肉质，节间极短，近无茎。叶自根颈抽出，具长柄，纸质，深鲜绿色，有光泽。花莛自叶脉抽出，长约 50 厘米。单花顶生，佛焰苞直立开展，蜡质，橙红或腥红色，肉穗花序无柄，圆柱状，先端黄色，下部白色。花两性。小浆果内有种子 2 ~ 4 粒，粉红色，密集于肉穗花序上。

图 8-67　大叶花烛

原产地：南美洲。

繁殖：分株、扦插、组织培养。分株可于 4 ~ 5 月间将花后成龄植株有气生根的子株剪下分栽，繁殖率极低。扦插繁殖可将较老的枝条剪下，每 1 ~ 2 节为一插条，去除叶片，将插条直立或平卧于底温 25 ~ 35℃的插床中。

习性与栽培：喜温热、高湿、排水通畅的环境。适宜中等光照，忌强光直射。生长适宜温度为 22 ~ 30℃，冬季可忍耐最低温度为 5 ~ 6℃。相对湿度应维持在 85% 以上，冬季室温高于 20℃，每 3 天微喷 1 次，夏天每日微喷 1 次。生长季节 1 ~ 2 周施 1 次追肥。每隔 2 ~ 3 年换 1 次盆，一般在春天进行，培养土以富含腐殖质、疏松而排水良好的壤土为宜。

园林用途：作中、小型盆栽，亦是名贵切花。

68. 花叶芋 *Caladium bicolor*

科属：天南星科，花叶芋属。

识别要点（图 8-68）：多年生草本。块茎扁圆形，黄色。叶卵状三角形至心状卵形，呈盾状着生，表面绿色，具白或红色斑点。佛焰苞舟形，外侧淡绿色，内侧白色，基部稍带紫晕。肉穗花序黄至橙黄色，雄花在上，雌花在下。浆果白色。

原产地：美洲亚马孙河沿岸。

繁殖：以分株为主。3 ~ 4 月间，在块茎开始抽芽长叶时，用利刀切割带芽块茎，待切面干燥愈合后即可栽植。此外，用叶片或叶柄作外植体进行组织培养，繁殖系数大，成苗容易，且后代很少发生变异。

习性与栽培：喜温暖多湿、半荫的环境。不耐寒冷低温，忌烈日暴晒。适宜生长温度为22～26℃，最低温度不可低于15℃。10月至翌年5月为休眠期。要求疏松、肥沃、排水良好、微酸性（pH值5.5～7.0）的壤土。栽培时最好对块茎催芽，发根后上盆，保持盆土湿润。4～5周出叶，每月追肥1次。气候炎热应注意浇水和叶面喷水。休眠后可将块茎连盆一起贮存在温暖的地方，或把块茎取出稍晾干，贮存在较干燥的砂土中，保持在14～18℃的条件下越冬。

园林用途：作盆栽、组合盆栽。

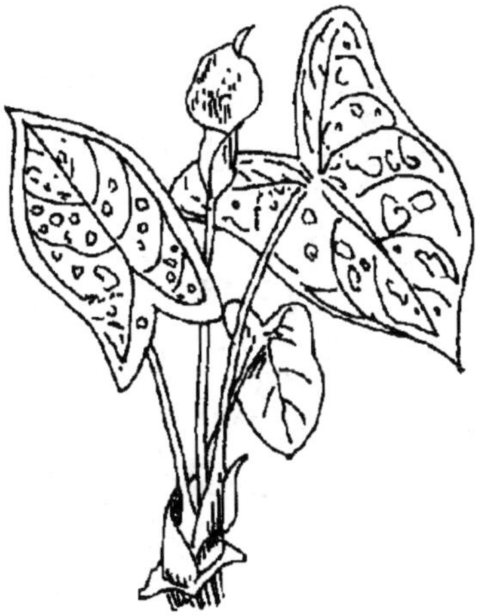

图8-68　花叶芋

69. 绿萝 *Scindapsus aureus*

科属：天南星科，藤芋属。

识别要点（图8-69）：常绿大型攀援性藤本植物。茎呈蔓状，茎节易生气生根。叶卵心形，革质，富光泽，幼叶较小，成熟叶逐渐变大，越往上越大，蜡质，暗绿色，有的镶嵌着金黄色不规则斑点或条纹。

原产地：亚洲热带地区。

繁殖：压条或扦插繁殖。

图8-69　绿萝

习性与栽培：喜温暖湿润的气候和间接光照或人工光照。光照时间以每天8～10小时为宜。生长适宜温度20～26℃，冬季不低于12℃。盆栽宜选用疏松、透气、排水性好的土壤，可以腐叶土为主，加2～3成园土混合或以泥炭土和珍珠岩混合调制。在室内宜置于明亮而直射阳光很少的地方。气候干燥的季节，除保持盆土湿润外，需经常向叶面喷水，擦洗叶面尘土。为保持植株生长旺盛，一般3～4个月施1次完全肥即可。

园林用途：作盆栽、吊盆、图腾柱

栽培及室内花园栽植。

图 8-70　琴叶喜林芋

70. 琴叶喜林芋 *Philodendron panduraeforme*

科属：天南星科，喜林芋属。

识别要点（图 8-70）：多年生草本植物。叶呈提琴形，5 裂，基部裂片宽，呈耳状，中间细，先端长椭圆状。叶长约 20 厘米，宽 8 ~ 12 厘米，色浓绿有光泽。茎节易生气生根，生长快。

原产地：巴西。

繁殖：扦插繁殖，4 ~ 9 月进行。

习性与栽培：喜高温多湿的环境。对光照的要求不严格，在室内弱光下亦能生长良好。生长适宜温度为 20 ~ 28℃，冬季在 10℃左右可以安全越冬。喜肥沃、疏松、排水良好的微酸性土壤，一般多以腐叶土、泥炭土掺和普通园土或用水苔、桫椤根屑、树皮等作培养土。多攀援种植。生长期需要水分较多，应经常浇水或叶面喷水。冬季可适当减少浇水。每 2 周施 1 次液肥，或在盆中埋施迟效性肥料。

园林用途：作盆栽、柱式种植及墙壁垂直绿化，也适宜在室内花园的人工瀑布及水池边作配景。

71. 春羽 *Philodendron selloum*

科属：天南星科，喜林芋属。

识别要点（图 8-71）：多年生常绿草本植物。簇生型，非攀援性。茎极短。叶大，广心形，全叶羽状深裂，长约 60 厘米，宽约 40 厘米，革质，浓绿色有光泽，叶柄长 30 ~ 100 厘米。

原产地：巴西、巴拉圭。

繁殖：分株法。生长旺盛的植株可在基部萌生分蘖，待小芽长大并出现不定根时，将其分割下来另行盆栽。

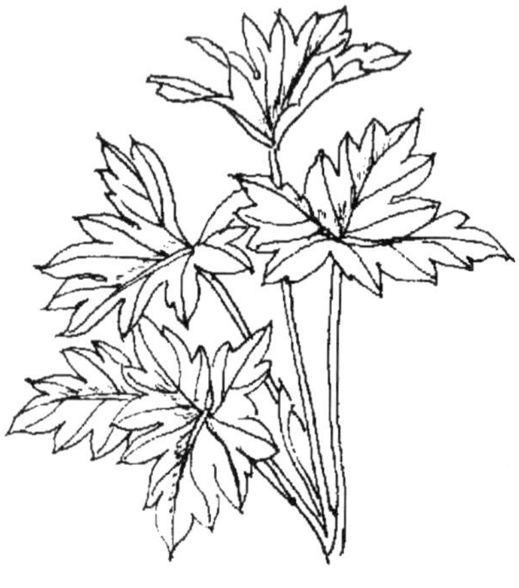

图 8-71　春羽

习性与栽培：喜温暖、潮湿的环

境，耐荫而畏强光。越冬温度 8～10℃以上。夜间 18℃、白天 25℃左右比较适宜。4 月下旬，盆株搬移室外背风向阳处管理，夏季遮荫，每天浇 1 次透水，经常叶面喷水，清洗叶面，保持清新湿润的小气候。在生长过程中，根据叶柄长短分别支架引扎，使叶片每层如伞状，整体似塔的株冠。

园林用途：作盆栽。

72. 地涌金莲 *Musella lasiocarpa*

科属：芭蕉科，地涌金莲属。

识别要点（图 8-72）：多年生常绿草本植物。植株丛生，具匍匐茎，地上部分为假茎，高约 60 厘米。叶大型，长椭圆形，状如芭蕉，但较芭蕉叶短小。花序莲座状，生于假茎上，苞片黄色，有花两列，花被微带淡紫色。果为浆果。花期夏季。

图 8-72　地涌金莲

原产地：中国。

繁殖：以分株为主，于春季或秋季进行。把根部分蘖成的幼株，连同地下匍匐茎从母株上切离另行种植。也可播种繁殖。

习性与栽培：喜阳光充足，稍耐荫。喜温暖，不耐寒，生长适宜温度为 25～30℃，温度若低于 0℃即会受害。要求夏季湿润，冬季稍干的气候。忌积水。栽培土宜用深厚、肥沃、湿润、排水良好的壤土。旱季要适当浇水，雨季忌雨淋。秋末或早春需施以腐熟有机肥，并在假茎基部培以肥土，以促进生长开花。花后假茎枯死，应及时将其砍掉。

园林用途：产地用于布置园林或作庭园绿化，北方温室盆栽。

73. 文殊兰 *Crinum asiaticum*

科属：石蒜科，文殊兰属。

识别要点（图 8-73）：多年生常绿草本。鳞茎长圆柱形。叶片宽大肥厚。顶生伞形花序，着花 25～28 朵，每花序有 2 个苞片，开花时苞片下垂，花瓣线形，白色，有香气。花期夏季。

原产地：亚洲热带。

繁殖：以分株为主。可在春季或秋季进行，以春季为好。将其幼芽分离母株，另行栽植。2～3 年分株 1 次。

图 8-73　文殊兰

习性与栽培：喜温暖湿润，略喜荫。不耐寒，冬季温度不可低于 5℃。喜阳光充足，但要避免夏季强烈日光的暴晒，夏季宜放在室外荫棚下或散光处培养，秋凉后移入室内阳光处。宜疏松、肥沃、排水良好的砂质土壤。生长期需肥水充足，特别是开花前后以及开花期更需充足的肥水。换盆每 2～3 年进行 1 次，并施足基肥，因其叶片较大，植株宜适当深栽，以免浇透水后倒伏。花后要及时剪去黄叶、花梗，以保持株形美观。

园林用途：作盆栽。

74. 果子蔓 *Guzmania lingulata*

科属：凤梨科，果子蔓属。

识别要点（图 8-74）：多年生附生常绿草本。植株莲座状或漏斗状，中央有一蓄水的水槽。叶宽带状，绿色或红色，有时散布金黄色斑点或各种线艺，少数种类的叶还具有虎纹斑或斑马纹，边缘无齿而光滑。穗状花序由叶筒中央抽出，花梗全部被绿色或红色的苞片包裹，在顶端形成一个由多片红色、黄色或白色的花苞片组合产生的星形或锥形的花穗，小花黄色、白色或紫色，生于花苞片之内，开放时才伸出其外。花期多在春季。

图 8-74　果子蔓

同属植物约 110 种，多数为附生种类，目前，花卉市场上出售的多为人工杂交的品种。

原产地：热带美洲。

繁殖：以基出芽作分株繁殖。也可用组培法大量繁殖。

习性与栽培：喜高温、高湿环境，除开花期稍干外，其他各季尤其旺盛生长季应经常保持盆土湿润，重点在于莲座叶丛水槽内不可缺水。如冬季室温太低，需相应地减少灌水，降低湿度。适宜温度为 16～18℃，冬季夜间温度最低为 8～10℃。生长期每半月施氮液肥 1 次，把肥施于盆土、叶上和水槽内。喜半荫环境，温室栽培，春夏秋三季应遮去阳光 50%～60%，冬季不遮光或少遮。栽培土壤以疏松、排水良好且富含有机质的壤土，北方多用腐叶土、泥炭土加少量河砂和基肥盆栽。

园林用途：作中、小型盆栽、组合盆栽。

75. 斑叶肖竹芋 *Calathea zebrina*

科属：竹芋科，肖竹芋属。

识别要点（图 8-75）：多年生常绿草本。株高约 60 厘米。具根茎。叶丛生于基部，叶大，长椭圆形，长 30～50 厘米，宽 10～20 厘米。叶面具天鹅绒光泽，并有浅绿色和深绿色交织的斑马状的羽状条纹，叶背紫红色。卵圆形穗状花序，外被卵圆形阔苞片。小花紫、白色。

图 8-75 斑叶肖竹芋

原产地：巴西。

繁殖：分株繁殖，5 月中旬结合换盆时进行。生长旺盛的植株每 1～2 年可换盆 1 次。

习性与栽培：喜高温多湿和半荫环境，不耐寒。生长适宜温度为 18～25℃，越冬温度在 13～16℃。对湿度要求高，最好在 70%～80%，特别是新叶长出后，要求湿度更高。盆土经常保持湿润，但不渍水。若水分缺少时，叶即卷起，但又不能过于潮湿。忌阳光直晒，温室栽培春夏秋三季应遮去 70%～80% 的阳光，冬季遮去 30%～50%。盆栽需用疏松的腐叶土或泥炭土加 1/3 珍珠岩和少量基肥配成的培养土，忌用黏重的土壤盆栽。旺盛生长时期，每 1～2 周施 1 次液体肥料。

园林用途：作盆栽。

76. 非洲菊 *Gerbera jamesonii*

科属：菊科，非洲菊属。

识别要点（图 8-76）：多年生草本，无茎。全株被细毛。基生叶长椭圆状或披针形，羽状浅裂或深裂，叶背具长毛。头状花序，高出叶面，花径 8～12 厘米；总苞盘状，苞片线状披针形，舌状花橘红、黄红、深红、淡红

图 8-76　非洲菊

至白色。常见栽培种有‘矮绒蜂’、‘红管’等。

原产地：南非。

繁殖：播种、分株、扦插繁殖。播种繁殖时种子发芽的适宜温度为 21 ~ 25℃，约 10 ~ 15 天出芽。分株繁殖在春季开始生长之前进行，将母株分切成若干子株，每株须带有新芽和根。扦插繁殖的，选取优良母株，截取根部粗壮部分，去除叶片和生长点，将保留的根茎部栽于种植箱内培养，温度 22 ~ 24℃，相对湿度 70% ~ 80%。待长出不定芽后，可用于扦插，扦插最佳时间为 3 ~ 4 月。

习性与栽培：喜光，尤喜冬暖夏凉气候。要求疏松肥沃、富含腐殖质、排水良好的砂质土壤，pH 值以 6 ~ 7.5 为宜。可作室外和室内栽培。室内盆栽时，可按 3 份泥炭土、2 份壤土和 1 份河沙混合。生长适温白天 20 ~ 25℃，夜间 16℃，冬季保持在 16℃以上，夏季不超过 26℃，可周年开花。

园林用途：作切花、盆栽。

77. 紫花凤梨　*Tillandsia cyanea*

科属：凤梨科，铁兰属。

识别要点（图 8-77）：多年生附生草本。株高约 30 厘米。叶丛莲座状，叶 20 ~ 30 片，线性，长约 30 厘米，中部下凹，斜出后横生反曲成弓状，浅绿色至绿色，基部酱褐色，叶背面绿褐色。花梗粗，总苞呈扇状，深红色，花蓝紫色，花瓣 3 枚，花径约 3 厘米，花期 4 ~ 6 月。同属植物还有‘铁兰’、‘束花凤梨’等。

图 8-77　紫花凤梨

原产地：厄瓜多尔、秘鲁。

繁殖：春季分株或分栽吸芽繁殖。

习性栽培：喜高温、通风、半荫环境，畏霜寒。栽培基质须适用富含腐殖质、疏松、透水性能好的材料，如泥炭鲜、树皮、腐叶等。夏季应灌水充足，秋冬季要控制水分，冬季气温不低于 8℃。

园林用途：作盆栽。

78. 蝴蝶兰 *Phalaenopsis amabilis*

科属：兰科，蝴蝶兰属。

识别要点（图 8-78）：常绿多年生草本植物。茎短。叶大。花茎一至数枚，拱形。花大，蝶状。花色有纯白、鹅黄、绯红、淡紫等，有些品种还兼具双色或三色，并有图案样的条纹或彩斑。每枝开花 7～12 朵，可连续观赏 60～70 天。花期 2～4 月。

图 8-78　蝴蝶兰

原产地：亚洲热带。

繁殖：分株。有些品种能在花梗上萌发新根，可剪下栽植。此外，长大的植株，会长出许多气根，可剪取带有 2～3 条气根的上部另植盆中。除分株外，还可用无菌播种法、生长点组织培养法繁殖。

习性与栽培：适生于多湿而通风的环境，生长适宜温度为20～30℃。夏季 35℃以上，冬季 10℃以下，生长即停止。必须加以保温，避免冷风直吹兰株而造成寒害落叶。但花芽分化时，温度需在 18℃以下，分化后要提高温度，促进开花。种植可用塑料盆、素烧盆、瓷盆、桫椤板或柱、木块、大树干均可。幼苗可用塑料筛栽培。所用植料，中、小苗可用碎蕨根或水苔，成株时可用碎蕨根 40%、泥炭土 20%、炭屑 20%，珍珠岩或蛭石 10%，混合后栽培，喜欢潮湿和半荫，要求空气经常保持湿度 50%～70%。夏秋季节不能让阳光直射，需进行遮荫，但早上的朝阳利于植株生长，应充分加以利用。肥料可用少量缓效肥作基肥，若用板、柱栽培，可用纱布网包扎肥料吊在根的上部附近，使其在淋水时缓慢溶解吸收。平时用 1500～2000 倍水溶性速效肥。每 10～15 天喷 1 次，幼株未开花前氮肥比例要多些，接近成株时要提高磷、钾肥，尤其已开过花的植株。每年花谢后要施肥，氮、磷、钾为 1:1:1。秋季要提高磷、钾肥的比例。

园林用途：作盆栽、组合盆栽，亦为高档切花。

（二）木本花卉

图 8-79 南洋杉

79. 南洋杉 *Araucaria cunninghamii*

科属：南洋杉科，南洋杉属。

识别要点（图 8-79）：常绿乔木。盆栽幼树一般株高 1～2.5 米。树皮灰褐色或暗灰色。大枝平展或斜生，侧生小枝密集下垂，近羽状排列，枝条阶梯状轮生。幼树树冠尖塔形。姿态优美。叶排列疏松、开展，锥形、针形或三角形，细密浓绿。

原产地：澳洲东部。

繁殖：播种繁殖，春、秋均可。也可采用顶芽扦插法。

习性与栽培：喜光，畏强光。喜温暖湿润的气候，不耐寒冷和干旱。适生温度为 10～25℃，空气相对湿度宜在 60% 以上。宜疏松、肥沃、排水良好的偏酸性砂质壤土。盆栽多用小苗。盆土以 3 份壤土、1 份腐叶土和 1 份粗砂混合而成。每年 5～10 月置于室外要进行遮荫，给予明亮的散射光。高温干燥时要对盆株及附近地面喷水，以降温增湿。浇水要及时，不要待土壤干透再浇。生长季节每月应施以氮为主的薄肥 1～2 次，供肥不足，易使枝叶泛黄。10 月下旬入室后，可给予一定的光照，温度不低于 5℃。盆土要较湿润，晴朗天气还应喷水增加湿度。

园林用途：作盆栽观叶。

80. 琴叶榕 *Ficus pandurata*

图 8-80 琴叶榕

科属：桑科，无花果属（榕树属）。

识别要点（图 8-80）：常绿乔木。高可达 12 米，盆栽 1～2 米。直立生长，自然分枝极少。叶片宽阔，叶型奇特，为提琴状。叶长 25～40 厘米，宽 15 厘米，先端膨大，叶脉凹陷，叶全缘波浪起伏，叶色深绿，叶表富有光泽。

原产地：印度及马来西亚。

繁殖：压条法繁殖。

习性与栽培：喜湿润土壤，耐湿，也较耐旱，对于干燥空气耐受力强。宜温度稳定、无风的环境。冬季休眠要求12℃以上。盆栽土壤可以田园土和草炭土加入少量砂土混合，宜呈微酸性。盆株置于室内半荫处，不可接受过多的直射阳光。春秋两季要保持盆土潮湿，冬季注意温度低时少浇水。土温低可浇温水调节。对湿度要求不高，但定期喷洒温水，可保长势良好，叶面光洁。从新叶展开时起至8月中旬，每隔10天施肥1次，以氮肥为主，停止生长或休眠时停肥。每隔2～3年换盆1次，同时进行修剪以促进分枝。

园林用途：作室内观叶植物。

81. 三角花　*Bougainvillea spectabilis*

科属：紫茉莉科，叶子花属。

识别要点（图8-81）：常绿木质藤本。分枝具枝刺。单叶互生，卵形，先端尾尖，全缘。花3朵簇生新枝顶端，呈聚伞花序，多花性，花冠小。苞片叶状，着色艳丽，有淡紫、红、橙黄、白等，有重瓣品种。花期5～12月。

图8-81　三角花

原产地：巴西。

繁殖：扦插繁殖，于7～8月取成熟枝进行扦插。对不易扦插成活的品种（如红花品种）可用压条法繁殖。

习性与栽培：喜温暖湿润环境，不耐寒。喜光。要求富含腐殖质的肥沃土壤。性强健，萌芽力强，耐修剪。忌水涝。北方地区均以盆栽为主，每年5月间出房，于6月上旬前换盆，结合换盆剪去过密枝、弱枝及徒长枝。生长季节浇水应见湿见干，不能积水。施肥除氮肥外，应增施磷、钾肥。9月中旬减少肥水量，10月上旬入中温温室，停止施肥，水分略减，保证充足阳光。花后新梢生长前，宜适当修剪、整形。

园林用途：作盆花。

图 8-82　含笑

82. 含笑　*Michelia figo*

科属：木兰科，含笑属。

识别要点（图 8-82）：常绿灌木或小乔木。分枝紧密，组成圆形树冠。小枝和叶柄上均密被褐色茸毛。单叶互生，叶面革质。花单生于叶腋，乳黄色或白色，花蕾由密生茸毛的薄片包裹着，花瓣 6 枚，肉质，瓣缘常带紫晕，香气浓郁，有如香蕉的香气。花期 4～6 月。

原产地：中国。

繁殖：以扦插为主，也可嫁接和压条。扦插于花后进行。嫁接用木筆或黄兰作砧木，于 3 月上中旬腹接或枝接。压条宜于雨季进行，多行高压育苗。

习性与栽培：喜温湿，不耐寒，生育适温 22～28℃。喜半荫，忌烈日暴晒，移至室外后需遮荫。每年翻盆换土 1 次，并注意通风透光。宜富含腐殖质、疏松、肥沃、排水良好的砂质壤土，pH 值 5～5.5。5～9 月每 15 天左右追施 1 次酸性液肥，以促花芽形成多孕花蕾。盆土应见干见湿，夏季应经常向叶面及附近地面喷水，以增加空气湿度。冬季浇水不可过多，一般要求不干不浇。9 月底将盆株移入室内，室温保持在 10～15℃。

园林用途：作室内盆栽。

83. 狗尾红　*Acalypha hispida*

科属：大戟科，铁苋菜属。

识别要点（图 8-83）：常绿灌木。株高 0.5～1.5 米。叶互生，卵圆形，亮绿色，先端渐尖，叶缘有锯齿。腋生穗状花序，长 30～60 厘米，下垂，呈尾状，紫红色至红色。花期秋、冬季。

原产地：马来西亚。

繁殖：扦插繁殖。取嫩枝在夏季

图 8-83　狗尾红

扦插于砂床中，保持较高的空气湿度和充足的水分，底温 25～28℃，4 周左右即可生根。

习性与栽培：喜阳光，宜生长在散射光条件下。不耐寒，性喜高温，生育适温 22～30℃，冬季最低适温为 15～18℃。土壤宜肥沃、排水良好。盆栽可用腐殖土、泥炭土加 1/4 左右河砂和少量的基肥配成培养土。生长期盆土需经常保持湿润，9 月中下旬入室后要使盆土间湿间干。生长季节可每隔两周追施 1 次液肥，入室后停肥。老植株每年春季新芽未生长之前换盆，换盆时去掉部分旧培养土，并行修剪。

园林用途：作盆栽。

84. 马拉巴栗（发财树）　*Pachira macrocarpa*

科属：木棉科，瓜栗属。

识别要点（图 8-84）：常绿或半常绿小乔木。盆栽株高 1.2～2 米。茎基部肥大。枝条粗壮呈肉质状，绿色或灰绿色。叶互生，掌状复叶，小叶4～7 枚，长椭圆形至披针形，全缘。

原产地：墨西哥。

繁殖：播种为主。果期 9～10 月，果长 10～20 厘米。果熟后采摘敲开果壳，种子似栗，为不规则形，花皮，红褐色，每果 10～30 粒。采收后立即点播在排水良好、肥沃的砂质壤土中，保持土壤湿润，温度在 15℃以上。苗高 30 厘米左右，便可移植上盆。实生苗能产生茎肥大的植株。也可在生长期作嫩枝扦插。

图 8-84　马拉巴栗（发财树）

习性与栽培：生长迅速，耐旱又耐荫，在全日照、半日照或荫蔽处均能生长，仅夏天需避免烈日直射，以免叶片枯黄。喜温暖，不耐寒，生长适宜温度 20～30℃，越冬温度 5℃。盆栽宜浅植。浇水掌握不干不浇，浇则浇透的原则。盆土以肥沃、排水良好的土壤为佳。施足基肥，生长期每月追施 1 次含磷、钾为主的稀薄液肥，以利加速生长，促进茎干基部膨大。每两年于春季换盆。剪去顶芽，促使多分枝。

园林用途：作盆栽。

图 8-85　红千层

85. 红千层　*Callistemon rigidus*

科属：桃金娘科，红千层属。

识别要点（图 8-85）：常绿灌木。株高 1～2 米。小枝红棕色，有白色柔毛。叶互生，线状披针形，革质，全缘。穗状花序顶生。花多数密生，红色。蒴果顶部开裂，半球形。花期 5～7 月。

原产地：澳大利亚。

繁殖：以播种繁殖为主，也可采用扦插法。种子细小，发芽适宜温度为 16～18℃。扦插可于 6～8 月进行，发根率较低。

习性与栽培：性喜温暖而不耐寒，生长适宜温度为 25℃左右。越冬温度需在 8℃以上。宜充足光照，不耐荫蔽。盆栽宜选用园土 7 份、堆肥土 2 份和砂土 1 份的培养土。春、秋季保持土壤湿润、入夏后浇水要逐步增多。5 月～9 月每 15～20 天施 1 次稀薄饼肥水。10 月上中旬移入室内，冬季停止施肥，节制浇水，室温维持在 8～10℃即可。花后修剪，强枝轻剪，弱枝重剪，对外围生长的弱枝要短截，对树膛内的弱枝宜疏除，对交叉枝、病枯枝等应从基部剪除。

园林用途：作盆栽、切花。

86. 孔雀木　*Dizygotheca elegantissima*

科属：五加科，孔雀木属。

识别要点（图 8-86）：常绿灌木。株高可达 2 米左右。具木质茎，茎、叶柄有乳白色斑点。掌状复叶互生，小叶 9～12 片，线形，先端渐尖，基部渐狭，平滑无毛，叶缘有疏粗锯齿，革质，中脉明显。叶面暗绿色或铜红色。少见开花。

原产地：太平洋诸岛。

繁殖：生长期扦插或高空压条。

习性与栽培：生性强健。耐荫，栽培中需求明亮的非直射光。不耐寒，越冬最低温度 10℃，生长适宜温度 20～28℃。耐热。空气湿润生长良好。栽培用壤土加腐

图 8-86　孔雀木

图 8-87　八角金盘

殖质的培养土。新叶生长期保持土壤湿润，以后浇水要见干见湿。5~9 月，每月施饼肥水 2 次。宜修剪复壮。

园林用途：用于盆栽观叶。宜作组合盆栽。

87. 八角金盘　*Fatsia japonica*

产属：五加科，八角金盘属。

识别要点（图 8-87）：常绿灌木。高 1~4 米。叶掌状，5~9 裂，革质，具长柄，裂片状椭圆形，深绿色，有光泽。聚伞花序顶生，花两性或杂性，苞片白色，开后脱落。浆果球形。花期夏秋季。

原产地：中国、日本。

繁殖：以扦插繁殖为主。选取萌蘖枝作插穗，一般于早春 2~3 月在温室苗床进行扦插，室温保持 20℃左右，约 1 个月即可生根，也可播种和分株繁殖。

习性与栽培：性喜温暖湿润、荫蔽的环境，忌干旱，畏酷热和强光暴晒。不耐寒，栽培室温以 16℃左右为佳，冬季休眠期温度 7~8℃为宜。在湿润、疏松、肥沃的土壤中生长良好。4 月中下旬移出室外，放置在荫棚下养护。保持盆土湿润，每隔 15~20 天浇施追肥 1 次，雨季停肥。立秋后除去遮荫网或苇帘，多见阳光有利生长，10 月中下旬移入温室。每隔 2 年换盆 1 次。

园林用途：盆栽观叶。

88. 鸡蛋花　*Plumeria rubra* var *acutifolia*

科属：夹竹桃科，鸡蛋花属。

识别要点（图 8-88）：落叶灌木或小乔木。株高 5~8 米（南方地区）。有乳汁。小枝肥厚多肉，末梢分枝多呈二叉状。叶互生，常集生于枝端，倒卵状长椭圆形，长 20~40 厘米，全缘。聚伞花序顶生，花冠筒状，径约 5~6 厘米，5 裂，外面乳白色，中心鲜黄色，极芳香。花期 5~10 月。

原产地：美洲热带地区。

图 8-88　鸡蛋花

繁殖：扦插繁殖。北方6~8月剪取带节的茎段插入基质，保持18~25℃的温度和65%~75%的湿度，约3周左右即可生根。

习性与栽培：性喜高温、高湿和向阳的环境。耐干旱。不耐寒，冬天温度需维持在7℃以上方能安全越冬。宜排水良好、肥沃的微酸性砂质壤土。培养土可用腐叶土5份、砂土4份和腐熟饼肥渣1份混合配制。生长期保持土壤湿润不积水。5~10月每10天追施1次腐熟液肥或0.2%磷酸二氢钾液肥。早春结合换盆适当修剪，使多长分枝。入冬时移入室内防冻保暖，盆土宜稍干。

园林用途：作盆栽。

89. 龙吐珠 *Clerodendrum thomsonae*

科属：马鞭草科，赪桐属。

识别要点（图8-89）：常绿藤本小灌木。枝条细弱，节间很长，深绿至褐绿色，四棱状。叶对生，卵形，三出脉明显，全缘。聚伞花序顶生于叶腋间，小花疏散而下垂，二歧分枝，花筒极短，花萼白色，后转为粉红色，长约1.5厘米，呈五角星状，花瓣深红色，雄蕊的花丝突出于花冠之外。春夏季开花。果肉质，黑色，藏于花萼中。

图8-89　龙吐珠

原产地：西非热带。

繁殖：春夏之交扦插繁殖。

习性与栽培：不耐寒冷，适宜生长温度为20~25℃，冬季最低温度不得低于10℃。性喜阳光，冬季需要光照充足，夏季宜遮荫。要求湿润、排水良好的土壤。盆土不宜过湿或过干，也不宜忽湿忽干，浇水过量易造成黄叶或落花现象。早春换盆时，对上部枝条宜短截，促使萌发新枝；也可花后将枝条从基部第2~4个节间处剪断，以控制高度；生长初期可摘心，使植株形态圆整，多分枝、多开花。

园林用途：作盆栽。

90. 二色茉莉（鸳鸯茉莉）　*Brunfelsia latifolia*

科属：茄科，鸳鸯茉莉属。

识别要点（图8-90）：常绿灌木。株高1米左右。单叶互生，长椭圆

图 8-90　二色茉莉

形。花单生或数朵簇生，漏斗状，有芳香，淡紫色，后转为近白色，在同一株上紫色花和白色花相间而生。花冠筒细长，花冠平展成高盆状。花期 3～10 月。

原产地：巴西、秘鲁。

繁殖：春夏季扦插。

习性与栽培：性喜高温、高湿、阳光充足的环境。不耐寒，生长期适宜温度 20～30℃。要求肥沃疏松、排水良好的微酸性土壤。喜肥，不耐涝。盆栽通常用腐叶土或泥炭土加 1/4 左右的河沙和少量基肥配成培养土。夏季强光应遮荫。要求中等水量，保持盆土湿润。4～9 月每 1～2 周施 1 次液体肥料。花后修剪整枝，以保持优美的株形。

园林用途：作盆花。

91. 虾衣花　*Callispidia guttata*

科属：爵床科，虾衣花属。

识别要点（图 8-91）：常绿小灌木。盆栽株高 40～60 厘米。茎纤细瘦弱，多分枝、绿色。叶对生，卵形，质软，全缘，叶柄细长。穗状花序顶生，长 6～10 厘米，下垂，具棕色、红色、黄绿色、黄色的宿存苞片，互相叠接，形如虾身。唇形花冠，白色。花期自春至秋。

原产地：墨西哥。

繁殖：春季取半成熟枝扦插繁殖。

习性与栽培：喜温暖、潮湿、阳光充足的环境。夏秋生长适宜温度 25℃左右，冬春 10～23℃，相对湿度 80% 左右。夏季应适当遮荫，避免强光暴晒；冬天宜阳光充足。盆栽用土以富含腐殖质的砂质壤土最为适宜，可以壤土、腐叶土和砂等量配制。要经常保持土壤湿润，生长季节可经

图 8-91　虾衣花

常浇水。8 月中旬开始降低浇水量。5～9 月，可每周施肥 1 次。花后修剪，有利基部分枝，形成良好的株型，再度多开花。

园林用途：作盆花。

92. 龙船花 *Lxora chinensis*

科属：茜草科，龙船花属。

识别要点（图 8-92）：常绿小灌木。株高 1 米左右。茎直立，多分枝，小枝褐色。叶革质，十字对生，叶柄极短，长椭圆形，全缘。聚伞花序顶生。小花管状，红色或橙黄色。花期 6～11 月。

原产地：中国南部。

繁殖：雨季取一年生枝条进行扦插。

图 8-92 龙船花

习性与栽培：喜温暖、湿润，好阳光，但应避免强光直射。喜空气湿度高而又通风良好的环境，要求疏松、肥沃、排水良好的酸性土壤。不耐寒，越冬温度不低于 5℃。盆土可用腐叶土 4 份、园田土 2 份、河沙或煤灰 3 份，加骨粉或饼肥 0.5 份作基肥，掺入 0.5 份硫磺粉或硫酸亚铁改变土壤碱性。春、秋两季，每 2～3 周施 1 次稀薄液肥，入夏可每周施肥 1 次。9 月下旬至翌年 3 月不需追肥。秋季适当控制水量，可使枝条组织充实，冬季应严格控制浇水量。苗高 15～20 厘米时应行剪顶，以促多发侧枝。初冬应对植株进行整形修剪，保留壮条，剪去病虫枝、纤弱枝、过密枝等。老株需每年翻盆换土 1 次。

园林用途：作盆花及瓶插。

93. 小露兜 *Pandanus gressitii*

科属：露兜树科，露兜树属。

识别要点（图 8-93）：常绿灌木。株高 0.6～1 米。叶条形，长 30～50 厘米，宽 7～11 毫米，边缘和下面中脉有刺。雄花序由数个穗状花序组成。聚花果，椭圆形。

原产地：马达加斯加。

图 8-93 小露兜

繁殖：扦插繁殖。春夏之交

切取植株基部生出的侧芽进行扦插。

习性与栽培：性喜高温多湿环境，生长适宜温度为23～32℃，10℃以下需加以保温或入室越冬。稍耐荫。耐旱性强。宜疏松、肥沃、排水良好的壤土。盆栽培养土可用泥炭土或腐叶土加1/3左右的珍珠岩和少量基肥配成。春夏秋三季应遮去50%左右的阳光，冬季不遮荫。生长期内要保证充足的水分，否则基部叶片易枯黄脱落，冬季则应控制浇水。生长季节每2周追施1次液体肥料。冬季应放在温度较高的室内，保持室温15℃以上。

园林用途：盆栽室内观叶。

94. 袖珍椰子 *Chamaedorea elegans*

科属：棕榈科，袖珍椰子属。

识别要点（图8-94）：常绿小乔木。盆栽高度1米左右。株形小巧。茎干独生、直立，呈深绿色，上具不规则环纹。叶一般由茎干顶部生出，羽状全裂，成披针形，叶片深绿色，富于光泽。花为黄色，肉穗花序。小浆果黄色。花期春季。

图8-94　袖珍椰子

原产地：墨西哥、危地马拉。

繁殖：播种繁殖。

习性与栽培：喜温暖、湿润、半荫环境，在强日照下叶色枯黄。生长适宜温度为20～30℃，13℃进入休眠，冬季不低于10℃。浇水掌握宁湿勿干的原则，常年保持盆土湿润，冬季要适当减少水量。经常喷水于叶片及周围地面，或用深盆蒸发法提高湿度。生长期每20天施薄肥1次，叶面可喷施磷酸二氢钾溶液等。每隔2～3年换盆1次，约在4月份进行。

园林用途：盆栽观叶。

95. 酒瓶椰子 *Hyophorbe lagenicaulis*

科属：棕榈科，酒瓶椰子属。

识别要点（图8-95）：常绿小乔木。盆栽株高1～2米。茎干圆柱形，基部较细，中部膨大，近茎冠处收缩如瓶颈。羽状复叶簇生于茎顶，淡绿色。肉穗花序，多分枝，油绿色。果实椭圆形，赭红色。花期8月。

原产地：马斯克林群岛。

繁殖：播种。室内盆播约 45 ~ 50 天发芽。

习性与栽培：喜高温、多湿气候，年平均温度在 22℃以上，怕霜冻，最低温度不低于 10℃。适宜向阳环境，也耐半荫。要求排水良好、湿润、肥沃的壤土。春、夏季出房后除盆内浇水外，还应每天用清水喷洒茎干和叶片，以保持周围环境湿润。夏季要求散射光照和良好的通风环境。早春和夏末要经常追肥，施肥以氮、磷、钾比为 2∶1∶3 为宜。冬季室内温度应保持在 10℃以上，盆土维持不干即可。每隔 2 ~ 3 年于春季换盆，并对老根适当修剪。

园林用途：北方作温室盆栽。

图 8-95　酒瓶椰子

96. 软叶刺葵　*Phoenix roebelenii*

科属：棕榈科，刺葵属。

识别要点（图 8-96）：常绿灌木。株高 1 ~ 3 米。茎通常单生，有残存的三角形的叶柄基部。叶羽状全裂，长可达 1 米，稍弯曲下垂。裂片狭条形，较柔软。肉穗花序生于腋间，长 30 ~ 50 厘米。雌雄异株。果矩圆形。

原产地：亚洲、非洲热带地区。

图 8-96　软叶刺葵

繁殖：播种繁殖。

习性与栽培：性喜温暖湿润环境，喜光又耐荫，抗旱力较强，不耐寒，冬季夜间温度不可低于 8℃，15℃以上生长良好。宜疏松、肥沃、排水良好的砂质壤土。盆栽宜用腐叶土、泥炭土加河沙或珍珠岩和少量基肥作盆土。幼苗较喜荫，可将盆株置于半荫环境下栽培。3 年生以上的植株应置于向阳处。冬春季室温不宜太高，否则出房后新叶易发生日灼病，叶片变成黄褐色。夏季可充分浇水，但忌积水。冬季要控制浇水。

生长旺盛时要及时补充养分，可15天左右施以腐熟饼肥1次。每2～3年换1次盆。

园林用途：作盆栽或花坛布置。

97. 朱蕉 *Cordyline terminalis*

科属：百合科，朱蕉属。

识别要点（图8-97）：常绿灌木。茎直立，少分枝。叶互生，密集于茎干顶端，椭圆披针形，先端渐尖，基部狭窄，叶柄抱茎。叶面绿、红色或具红、紫、粉条斑，叶质刚硬。圆锥花序顶生，色淡红至青紫。

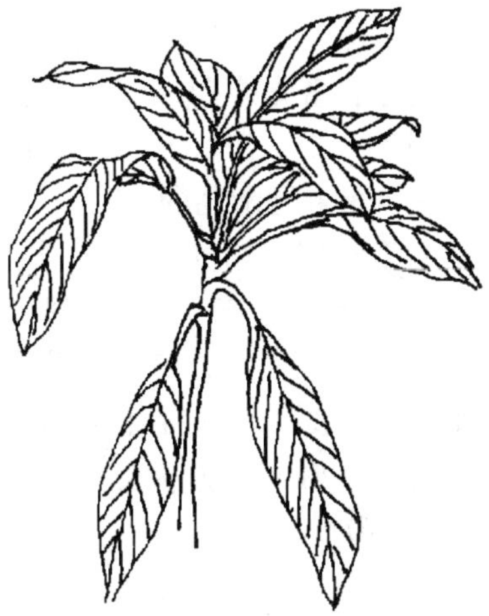

图8-97　朱蕉

原产地：中国及大洋洲。

繁殖：扦插为主。6～7月剪枝顶进行扦插。

习性与栽培：生长适宜温度为20～25℃，夜温16～20℃生长最宜。冬季温度不可低于4～7℃。喜明亮光照，夏季要遮荫。盆栽用土要求疏松，可用泥炭土、腐叶土加1/4河砂或珍珠岩配成培养土。生长时期每1～2周施1次液体肥，肥料不足容易出现老叶脱落、新叶变小的现象。应经常保持盆土湿润和较高的空气湿度，浇水掌握“宁湿勿干”的原则。北方室内栽培，春、夏、秋3季应遮去50%～70%的阳光，冬季少遮光或不遮光。冬季需盆土稍干后再浇水，低温和盆土潮湿往往造成根系腐烂。

园林用途：室内盆栽观叶。

98. 香龙血树 *Dracaena fragrans*

科属：龙舌兰科，龙血树属。

识别要点（图8-98）：常绿乔木。盆栽通常高0.5～1.5米。叶簇生于茎顶，长40～70厘米，宽5～10厘米，尖稍钝，弯曲成弓形，叶缘呈波状起伏，鲜绿色，有光泽，花小，黄绿色，穗状花序，具芳香气味。

原产地：非洲西部。

繁殖：以扦插繁殖为主。可剪取带叶的茎顶或截干后长出的侧芽，扦插于以河砂为基质的扦插床上，也可将当年生或多年生的茎干剪成5～10厘米一节，以直立或平卧式扦插。

习性与栽培：性喜光照充足、高温多湿的环境，但对光照的适应范围很宽，十分耐荫。生长适宜温度为18～24℃，冬季最低温度不低于7～13℃。要求空气湿度70%～80%。耐修剪，萌芽力强。喜疏松、排水良好、富含腐殖质的土壤。盆栽可用腐叶土、泥炭土加河砂或珍珠岩和少量基肥配制的培养土。春、秋及冬季宜多受阳光，夏季则宜遮荫。生长期每月施1～2次腐熟液肥。生长季节可充分浇水，盆土过干则生长不良。入秋后要节制浇水。冬季置于室内光照充足处，温度维持在5～10℃。

图8-98　香龙血树

园林用途：作盆栽观叶、插花叶材。

（三）仙人掌类及多浆植物

99. 昙花　*Epiphyllum oxypetalum*

科属：仙人掌科，昙花属。

识别要点（图8-99）：附生类仙人掌植物。多年生草本。灌木状。茎变态成叶状枝，扁平，波缘状锯齿。刺座生于圆齿缺刻处。幼枝有毛状刺，老枝无刺。花冠开展成荷花形，筒细长，白色。开花习性为夜间开花，时间短暂。花期7～8月。浆果红色。种子黑色。

图8-99　昙花

原产地：巴西、墨西哥。

繁殖：扦插繁殖。宜5～6月进行。插条要选生长健壮、充实的变态茎，不宜过嫩。将插条剪成10～15厘米长的小段，放在通风良好处晾2～3天，使切口干燥，然后再扦插。插入深度为插条的1/3长。插后需保持土壤湿润，在18～24℃的温度条件下，20～30天可生根，根长3～4厘米时，即可上盆栽植。

习性与栽培：喜温暖、潮湿。生长适宜温度为13～20℃。越冬温度需10℃左右。夏季忌直射阳光暴晒，需遮荫，或置于室内见光的通风良好处，宜排水良好、肥沃的砂质土壤。盆土可用粗砂3份、腐叶土或泥炭土3份、园土3份、有机肥料1份混合配制。生长旺盛时要充分浇水，早晚还应喷水，以增加空气湿度。夏季要避免阵雨冲淋，以免烂根。春、秋季浇水应适当减少，冬季休眠期要严格控制浇水。生长期间需每半月施1次充分腐熟的稀薄饼肥水，并可在肥水中加入0.2%的黑矾，能使变态茎浓绿发亮。植株现蕾后要停施氮肥，改施骨粉或过磷酸钙，以促花多花大。花凋谢后应及时施氮肥1～2次。变态茎柔弱需及时立支柱，4～5年生的植株可设扇形支架，进行绑扎。晚秋及冬季长出的细弱茎应及时剪除。为了改变昙花夜间开花的习性，使其白天开花，可当花蕾长到10厘米左右时，每天上午7时把盆株搬入暗室，或用遮光罩罩住整个植株，下午7时将盆株搬出暗室或将遮光罩掀开，使其接受自然阳光，天黑后用100～200瓦电灯照明，这样7～10天后植株就能在上午7:00～9:00开放，并可开到下午16:00～17:00。

园林用途：作盆栽。

100. 仙人指 *Schlumbergera bridgesii*

科属：仙人掌科，仙人指属。

识别要点（图8-100）：附生类仙人掌植物。多年生草本。茎节扁平，两缘浅波状。刺座上有极少量褐色的细绒毛。花着生在茎节的顶部，红色或紫红色。花期2月。浆果，长圆形，红色。

原产地：南美洲巴西、玻利维亚。

繁殖：扦插和嫁接。扦插，一般选取2～3个茎节作为插穗，在阴凉处放1～2天，待切口稍干插于净砂中，插后湿度不宜过大，以免切口腐烂。20天左右可生根。嫁接可用楔接法，所用砧木多为柱形及掌状仙人掌植物。先在砧木维管束部位用刀劈开一适当裂口，再把扁平的接穗基部在大面斜削两侧，露出维管束，然后插入裂口，用细竹针将二者插连固定。接后将盆株放在阴凉干燥处。

图8-100　仙人指

习性与栽培：喜温暖、空气湿润的环境。夏季要避免日光直射、雨淋，并注意通风。适生温度为15～25℃。冬季要求温暖和日光照射，适宜温度为10～15℃，不可低于5℃。花芽形成与温度高低和日照长短有关，多于秋季短日照的条件下孕蕾。盆栽土壤要求排水透气良好的肥沃土壤，可用腐叶土、泥炭土、砂各1份配成培养土。新芽萌动时可增加浇水量，5～7月生长期，晴天可充分浇水。每两周施稀薄肥水1次。茎节要经常整理，可设置支架，将茎节缚在架上。春天花后换盆。

用途：作盆栽或吊篮植物。

第二节　花卉栽培范例

一、万寿菊　*Tagetes　erecta*

（一）播种育苗

播种是万寿菊主要的繁殖手段。种子每克350～400粒，从播种到开花需60天左右。发芽温度15～22℃。在自然条件下3～7月均可以播种。发芽室内天数一般为2～3天。播种密度每个标准育苗盘播500粒左右。露地播种北京地区多在3月下旬至4月上旬进行。国庆节用花可行夏播。播种前，先将畦地深翻、细耙、整平，并稍加镇轧，然后浇透水。待水渗后，先往畦内薄撒一层细土，然后再播种，覆土厚度为种子直径的1～2倍。出苗前一般不浇水。幼苗生长迅速，应及时间苗，当幼苗长出2～3片真叶时，可移栽1次，5月下旬至6月初即可定植或上盆。由于植株较大，定植株行距应在30厘米以上。

（二）温度控制

万寿菊生长期为4～10月，开花要求温暖，不耐霜冻。生长温度为15～20℃。夏季炎热生长不良，导致植株松散，生长过高。因此，夏季栽培温度调节十分重要。可通过播种期、水肥控制和日照调节相结合。北京地区为了控制植株高度常于夏季播种。

（三）光照调节

万寿菊为喜光花卉，阳光充足不仅有利其生长，而且花色也艳丽。具有短日照习性。

（四）养护管理

万寿菊喜肥，但应控制氮肥的用量。追肥用三要素，每月 1 次，增施磷、钾肥能促进开花。盆栽苗在花期应追施两次薄液肥。雨季应注意水分不能过多，有助于株形良好。无论是盆栽还是地栽，雨季都要注意排水。为增加分枝多开花，苗高约 15 厘米摘心 1 次；若欲控制花朵数量和大小，侧枝生后再摘心或摘芽。对早播者应于花前设置支架，以防倒伏。夏季可以修剪、整枝以控制植株高度。花后剪去残花，疏去过密茎叶，施以肥料，可再次开花。夏季开花所结的种子发芽率比较低，故应采收 9 月以后开花结实的种子。万寿菊易杂交变种，为保存种性，可选择优良单株在加温温室内进行扦插繁殖，室温保持在 15℃以上，翌春实行隔离栽植，便能采收到比较纯的种子。

二、鸢尾　*Iris　tectorum*

（一）种类

鸢尾为鸢尾科，鸢尾属，多年生草本。地下具根状茎。该属常见栽培种类主要有：根茎性鸢尾，包括射干鸢尾、德国鸢尾、蝴蝶花、香根鸢尾、鸢尾等；从生性鸢尾，包括马蔺、花菖蒲、燕子花、溪荪等；球根鸢尾，包括网纹鸢尾、西班牙鸢尾等。上述种类由于原产地不同，因而生态习性各异。

（二）根茎繁殖

鸢尾以分栽根茎繁殖为主。于秋季或 5 月花谢后进行，每 2 ~ 3 年进行 1 次。分根茎时，将根状茎横切成段，切口宜蘸草木灰或硫磺粉，以防病毒感染。每段带 2 ~ 3 芽，剪去叶片 1/2，另行栽植。

（三）栽植

鸢尾在露地略有遮荫的黏质肥沃土壤中生长最好。地栽要充分翻耕土壤，并施入腐热堆肥和少量骨粉、草木灰等作基肥。盆栽以加肥培养土为宜。为防病害，可将根茎浸入清水中 15 分钟，再浸入升汞 1000 倍液或福尔马林 80 倍液中 30 分钟，用清水冲洗后再栽。栽植时应注意将根茎平放，原来向下颜色发白的一面仍须向下，颜色发灰的一面向上。栽植深度可以其原来深度为准，离土面不能超过 5 厘米，栽植过深常使根茎腐烂。栽植后浇 1 次透水，以后根据土壤实际干湿情况补充水分。盆栽可自小满后从老株上分下新芽，每3～4芽为1丛栽入盆中。

（四）养护管理

鸢尾喜阳光充足，耐半荫。耐寒，在北京冬季不加防寒物也可安全越冬。不耐水渍。在生长期应保持土壤湿润，忌过湿过干。雨季防涝。浇水后要及时中耕。盆栽植株在新叶没有长出前，不要浇水过多，花莛抽生后可加大浇水量。春季萌芽生长至开花前应施1～2次腐熟的稀薄饼肥水或复合化肥，特别是形成花蕾时，可以每隔3天喷施1次0.1%的磷酸二氢钾溶液，以提高开花质量。盆栽还应于夏季追施1～2次干肥，每次每盆60～100克。花凋谢后宜施1次液肥。秋后植株枯黄后及时清理，浇过冻水，即可安全越冬。盆栽植株可仍在室外管理，上冻后入冷室休眠越冬。

三、晚香玉 *Polianthes tuberosa*

（一）分球繁殖

晚香玉地下部分为鳞茎状块茎（上部为鳞茎，下部为块茎），为春植球根。4月天气转暖后，将大小球分开，准备栽种。北京地区冬季长，球茎经过一冬贮藏，已很干燥。在临栽植前1天，将球茎在冷水中浸泡1夜，栽后有利于快出芽并恢复生长。当年开过花的老茎，翌年不再开花，只是为培育繁殖小球茎而保留种植。球径在2.5厘米以上、尚未开过花的新球，可供开花用。其四周有过多的小球，直径在1厘米左右，可将这样的小球分开，单独栽植，培养1～2年才能达到开花球大小。根据繁殖材料的大小分别栽植。

繁殖用球的栽植，应选择排水好、阳光充足、土壤肥沃的黏壤土地做育苗繁殖地。做畦前，应施入充足的基肥，经深翻与土壤充分混合均匀，打成宽1.3米的平畦，每畦栽6行。老的母球栽植宜疏，株行距为15厘米×20厘米；小球栽植略密，为10厘米×20厘米。老母球栽植宜略浅，以利于多生子球。覆土后，使顶芽露出地面。小球宜深栽，可以促进球茎的增大，减少侧生小球的萌芽，覆土后仅露出小芽的尖端。栽后，将土踏实，使土和球密接。

（二）水分管理

晚香玉喜湿润，忌水涝。北方地区，初栽植的球要紧浇2次透水，同时进行中耕松土保墒，以促使新球茎早发根。待新叶长出后，需浇透水1次，浇后1～2天进行中耕。以后不宜浇水过多。要促使根系充分生长，适当控制叶的生长。当将进入抽花茎时，则要加强水分供应，使土壤保持潮湿的状态。

（三）施肥管理

晚香玉为喜肥作物。在抽花莛开花期需要较多的肥料，特别是磷、钾肥的供应要充足。将进入抽生花茎期，应每2周追肥1次，直到花期将结束时止。每次追肥后，第2天浇清水1次，采花或谢花后，继续加强肥水管理，使球茎发育充实，气温适宜，可继续抽生花茎。

（四）球茎的越冬贮藏

秋凉经数次轻霜后，茎叶停止生长，北方地区10月中、下旬掘收球茎，过晚易受冻。采收前可先将地上部叶子在球茎上5厘米处全部剪除，掘起球茎。收球前25～30天应该停止浇水。将球茎下部长须根的部位切去1层，便于贮藏越冬，并可以促使翌年春季栽植后更好发根。若不用层架保藏球茎，也可不剪去地上叶片，而只切除球茎下部1层长须根部位。球茎掘出后，即如编蒜辫似的，顺序将球茎编成串，挂起来存放。初收的球茎须及时晾晒，直到球茎外皮明显干燥后，才可入室贮藏。初入房时，室内加温保持25～26℃，约2周以后维持15～16℃。贮藏期间须保持干燥，防止球茎内部霉烂。须经常翻动堆积成层的球茎，使上下层球茎受到均匀的干热条件，以免下层球受潮。

四、月季　*Rosa cvs.*

（一）繁殖

月季繁殖以扦插为主，也可用嫁接繁殖。

1. 扦插繁殖

（1）扦插时间　月季扦插在温室内可全年进行。大规模生产，露地扦插具有一定的优点。

春季扦插：用去秋采集的完全木质化的枝条，经过冬季砂藏，待地温升高后即可插于露地。

夏季扦插：6月前后，在新枝条稍带木质化时采下插条扦插。此时枝条活力强，生根多，成活率高，但需有防止蒸发过盛的薄膜和遮光设备。采用全光雾插的方法，可加速生根，提早成活。

秋季扦插：晚秋枝条成熟，落叶前后剪取插条，立即插于露地或温室，越冬防寒，翌春即可分栽。

冬季扦插：落叶后采条。在北京地区选向阳背风处作畦，加盖薄膜，插后充分灌水，夜间至0℃以下时覆盖草帘，翌春分栽下地或上盆。

（2）插条的剪取与处理　插条长度以10～13厘米为宜，上面要有2～3个饱满芽。剪口位置，下剪口应在节下2～3毫米，与节平行，表面平整，这里是生长新根或愈合组织的地方。剪口也可剪成马蹄形。上剪口应距上面1个侧芽10毫米左右。剪去下部叶片，只保留上部两片复叶。每片复叶保留基部两片小叶。夏季全光扦插育苗，插条上的叶片可以多保留一些。不过插距过密时，下部仍需去掉一部分叶片，以免互相遮光。插条的粗细与生根发叶有直接的关系，最好的插条是一二年生、直径在4～8毫米、表皮未木栓化的枝条为宜。实践证明，选用开花之后花下面的枝条作插条进行扦插，成活率高，发育良好。忌选用腋芽已经萌发的枝条或节间过长的徒长枝和从基部萌发的粗壮枝条。

插条插入基质之前，常用生根激素处理，增加生根的机能。最常用的有吲哚丁酸、萘乙酸等合成的有机酸类。月季的品种间生根难易不同，使用的浓度也随之各异。一般用500～1000微升/升吲哚丁酸或500微升/升吲哚乙酸快浸插条下端1～30秒钟，有促进生根的效果。此外，冬季砂藏也是一种处理方法。

（3）扦插基质　扦插基质要求排水良好，持水能力强，疏松多孔隙，无病菌虫卵，酸碱度为中性等。因为新根的生出是靠插条内贮存的养分，所以不要求基质内富有养分和其他有机质。

配制扦插基质常用以下组合：

砂:泥炭为1:1，适用于室外插床。

砂:泥炭:蛭石:珍珠岩为1:1:1:1，室内外均可用。

砂:蛭石为1:1，泥炭:珍珠岩为1:1，均适于室内扦插用。

（4）扦插　将修剪好的插条立即插入苗盆（床），深度为2.5～3厘米，株距4～6厘米，用手轻轻将周围基质摁实。扦插后喷透水。为保护插条的皮层和基部的组织，扦插时应用木棍插穴后放插条，不要将插条直接插于基质中，插穴的深浅要规范化，应在木棍上作好标记。

（5）插后管理　插后保持20～25℃，20%左右的土壤湿度，75%～85%的空气湿度以及散射光的条件，对插条切口愈伤组织迅速形成和发根最有利。扦插初期苗床最好处于全荫或半荫状态，忌强光照射。

扦插成活苗，地下部生根，地上部不断生长，当新芽抽生长度达到15～20厘米时，将枝顶进行1次扭伤而不剪断，以促进下面的侧芽抽生。当侧芽抽出15～20厘米新枝时摘心1次，植株则会形成分枝均匀、树形圆整的基本骨架。

（6）幼苗移栽　扦插苗的根系数量达到一定程度，长势渐趋缓慢时，可先移到15～18厘米口径的盆中，盆土可用园土、泥炭及珍珠岩或粗砂各1份配制。上盆以后，放在阴凉处，细致喷水、灌足。如在温室内，要保持10℃，避免阳光直晒，15～20天后开始正常的光照。

2. 芽接繁殖

月季嫁接常采用野蔷薇、粉团蔷薇、‘白玉棠’作砧木。用芽接，应在生长季节的后期，即晚夏到初秋比较合适。北京一般在8～9月进行，以“T”字形嫁接形式为主。

（二）栽培管理

1. 光照调节

月季喜光照充足，几乎可以在直射阳光下生长。对日照长短无严格要求，但每天至少要在5小时以上，盆栽月季必须选择阳光充足的地方养护。

2. 温度控制

月季喜温暖，耐寒，生长适宜温度22～25℃。冬季气温低于5℃时，即进入休眠。能耐－15℃的低温。夏季温度持续30℃以上时，进入半休眠。能耐35℃高温。北方地区盆栽可在温度为10～15℃的室内越冬，也可以在冷窖内越冬。月季的不同品种抗寒性不同，栽培管理措施上应有所区别。

3. 水分管理

月季较耐干旱，不宜过湿，但盆栽月季的根系活动范围小，生长期应保证供水。萌动前、孕蕾期需浇足水，夏季极怕干旱断水。浇水以浇透为原则，不易过干，也忌水涝。春季、晚秋及雨季少浇，冬季保持土壤微潮不干透即可。

4. 施肥管理

月季好肥沃，生育期间需要经常施用有机肥料，可每隔10天左右施1次腐熟的稀薄饼肥或蹄片水，生长旺盛期每周施1次，孕蕾开花期加施1～2次速效性磷肥，入秋以后增施磷、钾肥，减少氮肥，以控制新枝生长。伏天及10月以后少施肥或不施肥。宜年年换盆、换土，并施入基肥以利根系发育。换土以肥沃、疏松、微酸性（pH值6～7）的培养土为佳。每次施肥后都要及时浇水和松土，以保持土壤疏松、通气良好。

5. 整形修剪

根据月季开花于当年枝端的特性，主要采用休眠期强修的方法。每当冬季来临前，在植株中选择 3 ~ 4 根枝条，留 30 ~ 40 厘米进行短截。一般每根枝条留 3 ~ 4 芽，强枝弱剪，弱枝强剪，有利平衡树势，获得圆整的株形。短截时剪口芽要留向外的芽。除了留下的主枝，其余枝条从基部完全剪除。月季开花后可以连续开花不断，但在严热夏季开花质量较差。因此可在春花后进行轻度修剪，即在花谢后，将开花枝留 2 ~ 3 个芽短截，并适当疏枝，这样可以保证秋季又一次繁花。

6. 病虫害防治

月季从春到秋，不断遭受黑斑病、白粉病、枯枝病、蚜虫、红蜘蛛、金龟子、介壳虫等多种病虫侵袭，需及时进行防治。

五、四季报春 *Primula obconica*

（一）播种育苗

种子每克约 5000 粒。种子寿命较短，极易失去生命力，宜随采随播或干燥低温处贮藏，播种时间以 8 月中下旬为佳，亦可根据所需开花期而定。育苗盘（60 厘米 ×25 厘米 ×5 厘米）每盘播种 1000 粒。播后可以少覆土或不覆土，保持基质湿润，基质必须消毒，pH 值 6.0 ~ 6.5 为宜。温度 15 ~ 20℃，7 ~ 14 天发芽，温度超过 25℃时，发芽率明显下降。也可采用小粒种子播种法播种，种子发芽需光，喜湿润。出苗后逐步将育苗盘或播种盆移至光线稍强处。小苗常因温度过低而生长缓慢，故 11 月以后应注意保温，夜间的温度宜保持在 18℃以上，尤其是出苗后的第 1 ~ 3 周。待生出 4 ~ 5 片真叶后可进行移植，在同样的育苗盘内种植或栽到单独的小盆中。不耐寒，冬季为生长期，移植初期需保持 18 ~ 20℃，以后生长宜 15℃左右。培育时要求较高温度，但不宜太高，以使产生良好的株形。待叶片相结合时可以上盆。

（二）移植上盆

可于 12 月以前上盆，单株采用 12 ~ 16 厘米的盆。栽培用土要求疏松、有机质丰富。可用腐叶土 3 份、厩肥土 1 份、河沙 1 份配成；也可用泥炭土 4 份、河沙 1 份、珍珠岩 1 份加充足的基肥配成。栽植不可过深，否则易烂根。盆栽养护最佳的生长温度为前期 12 ~ 14℃，临近开花时保持 16℃，以便催花。

（三）栽培管理

生长过程中要保持充足的阳光，宜放置朝南房间的阳光充足处。春秋两季可少量遮荫，冬季不遮荫，夏季需放在通风凉爽半荫处。较耐寒，喜凉爽、湿润环境，畏高温，冬春季室温应保持在12℃左右，温度低至3℃也不会受害。四季报春不喜大水，盆土要见干见湿。生长前期和开花前期，要求水分多一些，需勤浇水。冬季浇水要控制，过多易烂根。不喜浓肥，每半月施用1次氮、磷稀薄液肥，施肥时忌沾污叶片。当花蕾透色时增加1次以磷为主的液肥，夏季应停止施肥。花后及时剪去残花，以利延长花期。

叶片和叶柄上有白色柔腺毛，含樱草碱，对皮肤有刺激性，可用硼酸软膏防护。接触后可用苏打水清洗解除。

六、苞叶芋 *Spathiphyllum kochii*

（一）繁殖育苗

用分株和播种法繁殖。植株萌蘖多，生长健壮的植株2年左右可以分株1次。早春结合换盆，新芽生出之前整株从盆中倒出，去掉部分旧培养土，在株丛基部将根茎切割开，使分开的每一小丛具有3个以上的芽，另行栽植即可。也可播种繁殖，但种子不易得到。为获取种子，开花后要经人工授粉，种子采收后需立即播种，不宜久存。播种温度宜在25℃左右，温度低种子易腐烂。用组培法繁殖增殖很快，当前生产多采用此法。

（二）盆栽培养土

盆栽以富含腐殖质的壤土为宜，也可选用经消毒的轻质苔藓、泥炭作介质。pH值为6.5。可用等量的腐叶土和泥炭土加少量小块木炭或珍珠岩配成培养土，要求疏松、排水和透气性好，不可过于黏重。补充适量的含碳酸镁的石灰，可以确保根系初生长时所需的镁。

（三）光照调节

苞叶芋属半荫性植物，能耐低光照，在200勒克斯时能生存，500勒克斯时即能开花，但宜生长在1500~2500勒克斯的光照强度下。夏季需半荫，避免阳光直射；冬季室内可光照充足。长期光线太暗，植株徒长，不易开花。生长旺盛期提供足够的光照有助于促进其分枝、长叶，形成良好的株形。盆栽出圃前，光照调节得略弱些可以使叶色加深，形成良好的株形。盆花摆放的密度合理，植株间的叶片不相互覆盖，否则，会影响植株的继续生长。

（四）温度控制

苞叶芋能耐的最低温度为3℃，最高温度约40℃。生长适宜温度为22～28℃，低于18℃生长明显减慢，但高于32℃，接近40℃时生长也减慢，且新叶明显变窄。温度过高还会使叶缘反卷，绿色变浅。冬季夜间最低温度应保持在14～16℃，白天25℃左右为好。长期低温，叶片脱落或呈焦黄状。

（五）施肥管理

生长季节可施用混合液肥。每两周1次。冬季施肥量应减少。施肥的种类可以用颗粒的缓性肥料或液体肥料。

（六）水分管理

苞叶芋叶子的蒸发量较大，要保证空气湿度在50%以上。夏天可充分浇水，也可直接向植株周围和叶面喷水，冬天要适中。盆土应经常保持湿润，但不要积水。栽培中可以采用多种浇水方法，多采用喷灌装置。宜可用滴灌的方法逐盆浇水。盆底吸水装置不适宜苞叶芋的栽培。多数品种宜在潮湿的环境条件下生长，经常干燥会导致叶缘处的绿色变成淡灰色。

七、四季秋海棠 Begonia semperflorens

（一）播种育苗

种子每克约70 000粒。播种宜早春或秋季气温稍凉爽时进行。隔年的种子易丧失发芽力，应选用当年新鲜的种子。播种应使用排水良好的消毒基质。可播于浅盆、苗床或进行穴盘育苗。撒播应均匀，宜稀不宜密，否则苗过于密集，幼苗生长细弱，移苗困难。因为种子特别细小，且光照有利于种子发芽，故播后不必覆土。播后保持土壤湿润和较高的空气湿度，发芽温度25～26℃，约14～21天出苗。幼苗水分管理应避免过湿，宜用浸水或喷雾方法供水。对基质和幼苗要及时喷杀菌剂，以防治病害。

（二）移植上盆

出苗后4周左右应按4～5厘米的株行距，移植到育苗盆内，再过3～4周后便可以上盆。可用12～15厘米直径的盆，采用排水良好、富含有机质的微酸性土壤，pH 值 6.5。不要把盆土压得过紧。幼苗长到 5～6 片叶时进行摘心，以促使分枝，增大株冠，增加开花数量。

（三）栽培管理

上盆初期温度控制在 20～22℃，以后可逐渐降低。苗床秋冬季节可以用电热丝增加底温。最适合的生长温度是 15～30℃，耐轻霜。

半耐荫性，当阳光过强时需适当遮荫，特别是在花芽分化时。春秋两季给予少量遮荫。夏季防止阳光直晒。冬季因阳光较弱，室内栽培不用遮荫。在绿地种植时，可以在阳光下或半荫处应用，即使在树荫下也可正常开花。生长初期要求有较高的空气湿度，并保持土壤湿润，以后随其生长应适当干燥。夏季高温季节植株处于半休眠状态，摘心后控制水分，并放置在通风荫凉环境中，待新枝萌发后再恢复正常浇水。夏季防止雨淋。高温阴雨天气土壤湿度过大则易感病害，要注意防治。因为小苗根系仅在表层土壤，施肥要注意浓度和深度，宜低度表土施肥。肥料中成分 N∶P∶K＝20∶10∶20，每周追肥 1 次，浓度 800～1000 倍，幼苗期可适当增加氮肥比例。生长过程中的施肥浓度和频率，应根据土壤的测试报告。可以用低浓度的 CCC 矮壮素处理。

在栽培过程中要注意摘心，以促其分枝，通常摘心 2～3 次。花后及时打尖，可促使植株矮化，萌生分枝。温度过高，通风不良和夜间温度低，会引起开花停止和烂叶。白天要注意温室或塑料大棚的及时通风，并用熏蒸剂消毒。

八、观赏凤梨 Bromeliaceae

（一）类群

观赏凤梨，当今常见的种类和品种，主要是属于凤梨科的珊瑚凤梨属（光萼荷属）*Aechmea*、水塔花属 *Billbergia*、星花凤梨属（果子蔓属）*Guzmania*、彩叶凤梨属（赪凤梨属）*Neoregelia*、铁兰属 *Tillandsia* 和莺哥凤梨属（丽穗凤梨属）*Vriesea* 6 个类群。它们以观花为主，亦有观叶的种类，还有不少种类花、叶并美，既可观花又可观叶。

（三）育苗技术

1. 播种繁殖

播种前用泥炭土 2 份拌粗砂 1 份混合制成播种用培养土。然后选 1 个浅盆将播种培养土均匀铺平，淋透水后备用。将成熟浆果或蒴果洗除果肉获得种子后立即点播或均匀撒播于播种盆的培养土面，用手指轻轻将种子压下，切忌用土掩埋，浇水后盖上玻璃板或套入透明塑料袋。将播种盆置于25℃左右的环境下，种子在1~2周后发芽。给予较明亮的散射光照，待幼苗长出3~4片叶，具有莲座状叶丛的雏形时可打开塑料袋和玻璃板，每2天浇水1次，每周用1000倍的液肥浇洒1次。当幼苗长出6片叶并形成莲座状时，即可移栽至5~8厘米口径的花盆之中。

2. 分株繁殖

宜于春暖期间进行。切取依附在母株旁边丛生的小植株或吸芽苗连一小段匍匐茎，另行栽植。

3. 扦插繁殖

对具有较长的匍匐茎和下垂茎的种类，如方氏铁兰、阿劳铁兰等，可在春暖季节，将其匍匐茎或下垂茎以1~4节一段剪断，扦插于砂床中或直接上盆，保持高湿环境，给予半荫，约半个月后其节间长出新根，当长出新芽和新叶时则可移入小盆中定植。

4. 组织培养繁殖（略）

（三）植料和培养土的配制

盆栽观赏凤梨，除常用于配制培养土的泥炭土、砂、蛭石和珍珠岩外，一些植料，如树皮、碎砖、水苔、木炭、陶粒、蕨根、椰糠等，亦适用于观赏凤梨。其常用配方有：

泥炭土1份、蛭石1份和珍珠岩0.5份相混配制而成；

泥炭土1份、河沙1份混合制成；

椰糠1份、蛭石1份和珍珠岩0.5份配制而成。

疏松透气、排水良好，保水力适中和微酸性（pH值5.5~6.5）的培养土是观赏凤梨用土的首选。

（四）温度控制

大多数观赏凤梨的生长适宜温度在15~30℃。日间20~30℃，夜间15~20℃，夏季不高于35℃，冬季不低于15℃，适宜观赏凤梨的生长。因此，要根据天气的变化来操控温室的通风、降温或加温等方面的设备，保持最适的温度条件，满足观赏凤梨的生长所需。

（五）湿度管理

最宜的湿度应维持在80%～90%。空气干燥，湿度低于50%时，会造成叶尖干枯黄萎。湿度不足时，可启动喷灌设备，多次喷水来增加空气中的湿度。如遇闷热天气和温室内湿度过高时，就要开启窗口和抽气风扇加以调节。

（六）光照调节

观赏凤梨中喜光的种类需要强光的环境，其光线的强度约为20 000勒克斯，每天需要12小时的光照。此外，大多数品种在花序抽出前2个月需要强光的日照条件，否则会因为光照不足而影响花芽的分化，使开花率大为降低。因此，温室或塑料大棚的遮光设施，应根据光照情况进行调节。

（七）水分管理

水分的供给对观赏凤梨的生长至关重要。夏季可以每隔3天浇喷1次，冬春季每周午间浇喷1次。要求pH值为5.5～6.5的不含高盐分的淡水，当pH值高于7时，会影响植株的营养吸收。高钙、高钠盐的水分会使叶片失去光泽，且防碍光合作用的进行。硬水含过多的碳酸钙和镁盐，不宜用来浇灌。最好是使用河水或雨水。

（八）施肥管理

肥料以液肥为主，其pH值应在5.5～6.0，氮、磷、钾三要素的比例为1∶0.5∶0.5。施用时可将肥料溶于5000～10 000倍的水中，每周1次随浇水滴入盆土中或喷于叶面。催花前2个月应除去氮素，只浇灌磷钾肥料，如磷酸二氢钾等。常用的化学肥料有尿素、硫酸氨、硝酸氨、硝基氮和磷酸二氢钾等。

九、朱顶红　*Amaryllis vittata*

（一）分球育苗

分球繁殖可于花后结合换盆分植子球，鳞茎直径大于7厘米者可行盆栽，翌年即可开花；小鳞茎多行地栽养球。盆栽前，修整鳞茎根系，置于水中浸泡3～4小时待植。1球植一盆，可用大于球径2倍的盆，3～4球集于一盆宜25～30厘米的盆。盆土要求排水良好、肥沃疏松的砂质壤土，可用腐叶土掺稻壳、煤炭渣配制，也可堆肥土4份、腐叶土4份、砂土2份混匀配制。以骨粉或过磷酸钙作基肥。种植后鳞茎上部1/3左右露出土面，土面与盆口有2~3厘米的积水余地。上盆后浇水，使土壤微潮润即可，待发出新叶后再浇水。地栽养球可于4月中旬翻地作畦，开沟深15厘米，每平方米施入豆饼粉500克，垫一层土后栽植鳞茎，株行距15厘米×20厘米，栽后浇透水。1周后再次浇水并松土，以保持土壤湿润，以后浇水视天气而定，一般保持土壤湿润即可。10月中旬将鳞茎挖出，去掉泥土，剪掉叶片，放室内晾1~2天，用含水量10%左右的素砂土埋藏，室温保持在10~15℃。不需见光，翌年再下地养球，2年左右可盆栽开花。

（二）温度控制

朱顶红喜温暖，不耐寒，对温度适应性较强。生长适宜温度为18~23℃。种植初期，维持温度20℃左右，约3~4周后萌芽。夏季宜凉爽环境，温度18~22℃最宜。冬季处于休眠状态，要求冷凉而干燥，室温宜在10~12℃，不可低于5℃，否则受冻害。

（三）光照调节

朱顶红喜阳光，也耐半荫。栽培初期应将盆株置于背风避阳处。当叶片长出后可逐渐多见阳光。花茎长至15厘米时可移到阳光充足处。炎热的夏日，盆株置于凉爽半荫的地方，避免烈日暴晒。

（四）水分管理

朱顶红畏水涝，浇水要适时、适量。生长季节盆土要见湿见干，但忌过湿过干。花后应适当控制水分，避免徒长。夏季叶片开始枯黄时逐渐减少浇水，雨季及时倒盆排涝，以免积水烂根。入秋为促其休眠应减少供水，10月入室以后，1个月不可浇水，使其休眠。休眠期内，每周浇1次水，保持鳞茎不枯萎即可。

（五）施肥管理

朱顶红好肥，叶片长至5~6厘米时即可施追肥。开花前每2周追施有机液肥1次，花后继续追肥1~2次，以促使鳞茎膨大，入秋后可增施磷、钾肥，休眠期停肥。

（六）鳞茎贮藏

入秋后植株叶片逐渐枯黄，可将鳞茎磕盆取出，晾数日后收入塑料袋中，勿系袋口，放于燥凉爽处贮藏。也可原盆不动，剪去枯叶后贮藏，待来年4月原盆移至室外向阳处栽培。

（七）切花采收

用作切花，宜于花蕾上色阶段采切，包装于保湿箱内，在4～5℃下干运。为防止压坏，切花可用棉花包裹。当切花插在水中，花茎基部常裂开。为防止这一问题，可用胶带纸捆住茎端，或使用含有1%矮壮素或每升40克蔗糖的瓶插液。

十、扶桑　*Hibiscus　rosa－sinensis*

（一）扦插繁殖

北京地区以3～4月在室内结合修剪进行扦插，6、7月份则在室外进行。选用1～2年生的健壮枝条，取其中段，切成长约15厘米的插穗，包括5～7节，去掉下部叶片，上部的叶剪去1/3面积。扦插基质多用排水良好、通气性强的粗砂或蛭石，先经水洗净，并用沸水消毒，再置入插床，厚度15～20厘米。同时架设塑料棚，以保持适当的温度与湿度。插穗基部切口要用快刀削平，并及时扦插。入基质深度约2～3厘米，株行距3厘米×5厘米或4厘米×4厘米。插后立即洒透水1次，用塑料薄膜盖严。注意管理，保持扦插基质润而不湿，排水、通气良好。以后渐使插床接受阳光，在维持气温18～25℃，相对温度70%～85%的情况下，4～6周可以生根，成活率30%～90%，视品种及条件而异。为了提高生根率，尤其对于难插活的品种，可用生根粉或其他生长激素处理。

北京地区冬春使用盆插，插后放在温室暖气片旁，约经40～45天，即可生根，约60天后便可上盆。一般成活率60%。

（二）上盆、换盆

扦插苗成活后，根据植株大小分别移栽于适宜的花盆中。栽植扶桑的培养土，可用泥炭土或腐叶土加1/4河沙或珍珠岩和少量基肥配成，施足底肥，上覆一层混拌好的盆土。然后将带土球或土块的幼苗放入填好土的盆内，土球上端应低于盆口1～1.5厘米作沿口，其余空隙应填满培养土。将盆土墩实，使土壤与苗根紧密结合。上盆后立即浇1次透水，将盆株置于光照较弱处,室温保持在18~22℃,缓苗3~4天,可移至阳光充足的地方。

新上盆的扦插苗，至翌年4、5月进行第一次换盆、按植株的大小，分别换入比原盆稍大的盆中，施足基肥，换完盆要浇1次透水。3年生以上的扶桑换盆，可在4月出室之前或5月出室之后进行。

（三）温度控制

扶桑性喜温暖，不耐寒。10月上、中旬应移入温室越冬，室温保持在15~22℃，最低应在12℃以上。温度过低易引起叶片枯黄、脱落，影响来年开花。但温度过高，易使枝条徒长，对翌年生长、开花也不利。

（四）光照调节

扶桑为长日照花卉，性喜阳光充足，不耐荫，光照不足易使花蕾脱落，花朵缩小，花色暗淡。最好每天给扶桑不少于8小时的日照。但是，在阳光过强时，尤其在北方的炎夏，中午对有些品种或小苗应给予低度遮荫，以防灼伤。冬季应放入室内阳光充足处栽培。

（五）水分管理

扶桑喜湿润，生长期应保持水分充足，但也不可使其受涝。盆土过干或过湿均易使下部叶片黄化脱落，甚至引起落蕾，因而应注意经常检查盆土。通常每天浇水1次，浇透为度。伏天可每日早晚各浇水1次，还应经常对地面洒水，以增湿降温。冬季室内温度低，根系处于休眠状态，吸水能力很弱，应少浇水，使盆土稍干为好。

（六）施肥管理

扶桑对肥料的需求较大，在栽培过程中需及时给予补充。盆栽除上盆、换盆时应施足基肥外，生长期内，每月应追施0.2%尿素水溶液及磷肥为主的淡薄液肥2~3次。雨季可施用复合颗粒肥。冬季入室后应停止施肥，使之在新陈代谢强度较低的情况下安全越冬。

（七）整形修剪

扶桑耐修剪，发枝力强。扦插苗上盆后，当苗高达20厘米左右时，应进行摘心，促其分枝。4月结合换盆加以重剪。生长期经常整形修剪，及时剪除干枯枝、纤弱枝、病虫害枝等，以保持株形完好，增加开花量。

模拟测试题

一、判断题

1. 一串红、彩叶草的枝、叶形态相似，同属唇形科，前者观花，后者观叶。（　　）

2. 雁来红具有较高的观花价值。（　　）

3. 香雪球为石竹科的二年生花卉，花色主要有白色、雪青色。（　　）

4. 桂竹香、矢车菊、花菱草、茑萝均为直根系的花卉种类，栽培中不宜过多移植。（　　）

5. 万寿菊、孔雀草用途相同，但二者的形态有明显差别。（　　）

6. 地肤、天人菊、紫茉莉、月见草等一二年生草本花卉均可自播繁衍。（　　）

7. 大花萱草又名黄花菜，目前花色只有黄色。（　　）

8. 金光菊生长势很强，花色变化很多。（　　）

9. 锥花福禄考是优良的夏季花境材料，耐炎热，不耐寒。（　　）

10. 东方型百合、亚洲型百合、麝香百合是目前最常用的观赏百合种类。（　　）

11. 百合是一种需低温春化的球根花卉，具长日照习性。（　　）

12. 石蒜花莛刚劲直立,先叶抽出,呈顶生伞形花序,花鲜红色。（　　）

13. 漳州水仙是水仙类中最具观赏性的种类，具有香味，多花性，花色品种变化最丰富。（　　）

14. 充足的阳光是水养水仙的必要条件。（　　）

15. 适时适量对早小菊进行修剪是避免徒长、倒伏、花少的重要措施。（　　）

16. 碧桃花芽分化在 7 ~ 8 月间，修剪以花后为主，休眠期修剪为辅。（　　）

17. 珍珠梅、黄刺玫萌蘖力弱，基部不易发生萌蘖。（　　）

18. 石榴小枝有角棱，枝端常成刺状。（　　）

19. 紫荆树皮暗褐色，老时粗糙纵裂。花先叶开放，簇生于老枝条上。（　　）

20、凤尾兰为多年生草本花卉，花期 6 ~ 10 月，花大而下垂，橙红色。（　　）

21. 肾蕨在高温高湿条件下生长迅速，生长季节要保持较高的空气湿

度。（　）

22. 西瓜皮椒草叶卵圆形，叶脉间有银灰色白色斑条。（　）

23. 繁殖非洲紫罗兰，可将叶片去掉叶柄，插于砂或蛭石等基质中。（　）

24. 大叶花烛适作中、小型盆栽，亦是名贵切花。（　）

25. 花叶芋的肉穗花序黄至橙黄色，雌花在上，雄花在下。（　）

26. 绿萝茎呈蔓状，茎节易生气生根。（　）

27. 文殊兰喜阳光充足，夏季宜置于室外光照充足处，秋凉后移入室内。（　）

28. 我国花农养兰有“干兰湿菊”之说，所以栽培兰花应保持环境干燥。（　）

29. 南洋杉喜光，且不畏强光，每年5～10月应将盆株置于室外光照充足处培育。（　）

30. 琴叶榕小枝微下垂，叶卵形或椭圆形，深绿色，有光泽。（　）

31. 三角花的苞片叶状，着色鲜丽，有重瓣品种。（　）

32. 马拉巴栗又称发财树，为木棉科常绿或半常绿小乔木。（　）

33. 红千层为夹竹桃科常绿灌木。（　）

34. 孔雀木、八角金盘的叶互生、线状披针形，革质，叶缘有粗锯齿。（　）

35. 鸡蛋花为木兰科落叶灌木或小乔木，聚伞花序顶生，花极芳香。（　）

36. 二色茉莉花单生或数朵簇生，在同一株上白色花和黄色花相间而生。（　）

37. 袖珍椰子、软叶刺葵，酒瓶椰子均为棕榈科常绿小乔木或灌木。（　）

38. 龙血树不开花，繁殖以扦插为主。（　）

39. 昙花开花习性为夜间开花，时间短暂。（　）

二、选择题

1. 羽衣甘蓝为观叶为主的二年生花卉，根据其叶色变化主要分成________两种类型。

A. 绿叶类、紫叶类　　B. 黄白类、红紫类

C. 花叶类、红紫类　　D. 黄白类、花叶类

2. 环境条件对大花三色堇开花最不利的是________。

A. 高温　　B. 树阴　　C. 水分　　D. 土壤

3. 雁来红以观叶为主，其顶端的嫩叶颜色变化成的主要品种类型有__________。

A. 雁来红、老少年、老来红　　B. 红叶类、花叶类、绿叶类

C. 雁来红、雁来黄、锦西凤　　D. 锦西凤、什样锦、三色苋

4. 矢车菊花冠上的最主要特征是__________。

A. 整株粗糙呈灰绿色，茎纤细直立有分枝

B. 叶线状披针形，羽状深裂，基部3裂，有锯齿，被柔软绵毛

C. 顶生头状花序，舌状花辐射状喇叭形

D. 花色丰富，有粉、红、白、玫红等色

5. __________均为菊科一年生草本花卉。

A. 蛇目菊、孔雀草、向日葵、一点缨

B. 天人菊、飞燕草、福禄考、月见草

C. 大波斯菊、霞草、矢车菊、毛地黄

D. 硫黄菊、紫茉莉、醉蝶花、蓝亚麻

6. __________均为以观叶为主的一、二年生草本花卉。

A. 羽衣甘蓝、蓝亚麻、香雪球、桂竹香

B. 银边翠、彩叶草、雁来红、五色苋

C. 茑萝、霞草、硫黄菊、一点缨

D. 毛地黄、紫茉莉、醉蝶花、月见草

7. 下列__________组特征不是万寿菊、孔雀草的形态区别。

A. 茎的直立性　B. 花的大小　　C. 耐寒能力　　D. 花色、花期

8. 中国水仙的主要品种有__________。

A. ‘银台’、‘玉玲珑’　　　　B. 喇叭水仙、大副冠水仙

C. ‘金盏银台’、‘玉玲珑’　　D. 重瓣水仙、多花水仙

9. 中国水仙的种球按大小分类，传统的单位是__________。

A. 装　　　　B. 厘米　　　　C. 周径　　　　D. 20装

10. 葡萄风信子的主要花色为__________。

A. 蓝色　　　B. 红色　　　　C. 黄色　　　　D. 白色

11. __________属于毛茛科。

A. 大花萱草　B. 锥花福禄考　C. 阔叶麦冬　　D. 白头翁

12. 百合花是一种用途很广的球根花卉，下列__________组说法不符合百合。

A. 地下部分具有无皮鳞茎

B. 有些品种可用珠芽繁殖

C. 有短日照习性

D. 有低温春化习性

13. 下列__________组不符合石蒜形态特征。

A. 鳞茎广椭圆形

B. 叶丛生，二列状，条形

C. 伞形花序

D. 花顶生、草生或呈总状花序，花色有白、黄、橙、红等。

14. __________是大花萱草开花良好的必要条件之一。

A. 阳光充足　B. 夏季冷凉　C. 秋季繁殖　D. 冬季防寒

15. 下列__________花卉不宜作耐荫地被植物。

A. 阔叶麦冬　B. 葡萄水仙　C. 石蒜　D. 早小菊

16. 锥花福禄考的生物学习性中最__________。

A. 忌阳光不足　B. 忌夏季高温

C. 忌冬季低温　D. 忌土壤肥沃

17. 兰科热带兰的种类很多，下列__________是通常讲的热带兰。

A. 吊兰、君子兰、嘉兰、虎头兰

B. 春兰、蕙兰、建兰、寒兰

C. 珠兰、米兰、球兰、台兰

D. 卡特兰、蝴蝶兰、石斛兰、文心兰

18. 春羽是天南星科的多年生草本，它和__________同属。

A. 龟背竹　B. 喜林芋　C. 绿萝　D. 海芋

19. 果子蔓凤梨除了观叶外，__________为主要观赏部分。

A. 苞片　B. 花瓣　C. 果实　D. 种子

20. 散尾葵、软叶刺葵、袖珍椰子、蒲葵的耐寒性由强至弱排列顺序为__________。

A. 散尾葵、软叶刺葵、袖珍椰子、蒲葵

B. 蒲葵、软叶刺葵、袖珍椰子、散尾葵

C. 蒲葵、袖珍椰子、软叶刺葵、散尾葵

D. 软叶刺葵、散尾葵、蒲癸、袖珍椰子

三、简答题

1. 将矢车菊、飞燕草、花菱草、月见草、桂竹香进行分类填入下列括号中：

（1）以上种类中花具黄色（或橙黄）有（　　　　　）；

（2）花具蓝色（或紫色）的有（　　　　　）。

2. 石竹科的两年生花卉主要有哪几种？按科、属关系分别列出。
3. 如何繁殖五色苋？
4. 试述中国水仙的形态特征。
5. 选择中国水仙鳞茎的要领是什么？
6. 简述梅花的整形修剪。
7. 如何繁殖石榴？
8. 叙述天南星科的主要观叶植物种类及品种。
9. 热带兰有哪些主要种类？
10. 举出10种常见温室花木类，并指出科名。
11. 大叶花烛的识别要点有哪些？
12. 蝴蝶兰的习性特点有哪些？
13. 如何使昙花白天开放？
14. 试述龙血树的习性与栽培。
15. 简述盆栽月季栽培管理要领。

模拟测试题答案

一、判断题

1. √	2. ×	3. ×	4. √	5. ×	6. √	7. ×	8. ×
9. ×	10. √	11. √	12. √	13. ×	14. √	15. √	16. √
17. ×	18. √	19. √	20. ×	21. √	22. √	23. ×	24. √
25. ×	26. √	27. ×	28. ×	29. ×	30. ×	31. √	32. √
33. ×	34. ×	35. ×	36. ×	37. √	38. ×	39. √	

二、选择题

1. B	2. A	3. C	4. C	5. A	6. B	7. C	8. C
9. A	10. A	11. D	12. C	13. D	14. A	15. D	16. B
17. D	18. B	19. A	20. C				

三、简答题

1. 答：(1) 花色具黄色（或橙黄）的有：飞燕草、花菱草、桂竹香、月见草。

(2) 花色具蓝色（或紫色）的有：矢车菊、飞燕草。

2. 答：(1) 石竹属：中国石竹、美国石竹。

(2) 丝石竹属：霞草。

(3) 蝇子草属：高雪轮、矮雪轮。

3. 答：繁殖五色苋可用嫩枝扦插。3 月中旬将母株移至阳畦内，加强肥、水管理，4 月剪取新枝在温床内扦插，5～6 月可露地扦插。盛夏时扦插必须遮荫。

4. 答：鳞茎球形，外被褐色膜质鳞片，鳞茎外侧着生小鳞茎。叶基生，条形，呈二列状。伞形花序，花冠6片，花中心有副花冠。花瓣白色略呈淡黄，副花冠黄色，花具清香。花期12～3 月。蒴果。

5. 答：选择鳞茎硕大，扁圆形，有背、腹面之分；侧球对称，球较紧密；膜质鳞片成熟、质薄，呈棕褐色，有光泽，易剥落；球颈部收得较紧，茎盘底部较广；无病虫危害。

6. 答：整形方式以自然开心形为原则，以疏剪为主，短截以轻剪为宜。冬季修剪主要除病枝、枯枝、徒长枝、密生枝等。春季花后修剪注意调整树姿，对长枝适当短截，促使多生花枝。5、6 月间可进行抹芽和摘心。盆栽梅花在花后对花枝短截。

7. 答：以扦插为主，也可分株、播种。扦插可于 4 月结合修剪进行。

选取生长健壮的二年生枝，剪成长10厘米左右的插条插入插床。分株于早春叶芽萌动前挖取母株，切割分栽。播种繁殖（露地）可于春季进行，室内播种宜于春节前后。

8. 答：(1) 花叶万年青属：花叶万年青、大王黛粉叶、六月雪万年青、绿玉黛粉叶、白玉万年青。

(2) 广东万年青属：斑马万年青、白柄亮丝草、银王万年青、银后万年青。

(3) 合果芋属：合果芋、白蝴蝶。

(4) 喜林芋属：喜林芋、战神喜林芋、心叶蔓绿绒、春羽、绿宝石喜林芋。

(5) 苞叶芋属：白鹤芋、苞叶芋。

(6) 龟背竹属：龟背竹。

(7) 海芋属：观音莲。

(8) 花叶芋属：花叶芋。

(9) 崖角藤属：黄金蔓。

(10) 藤芋属：绿萝。

9. 答：主要种类为：卡特兰、大花蕙兰、石斛兰、文心兰、拖鞋兰、蝴蝶兰、万带兰。

10. 答：三角花（紫茉莉科）；含笑（木兰科）；狗尾红（大戟科）；红千层（桃金娘科）；鸡蛋花（夹竹桃科）；龙吐珠（马鞭草科）；二色茉莉（茄科）；虾衣花（爵床科）；龙船花（茜草科）；扶桑（锦葵科）。

11. 答：多年生附生常绿草本植物。株高1米左右。叶自根颈抽出，具长柄，纸质，深鲜绿色，有光泽。花莛自叶脉抽出。单花顶生，佛焰苞直立开展，蜡质，橙红或腥红色，肉穗花序无柄，圆柱状，先端黄色，下部白色。

12. 答：适生于多湿而通风的环境，生长适宜温度为20～30℃，夏季35℃以上，冬季10℃以下生长即停止。耐荫，耐高热。要求相对湿度70%左右。需要的光照约为全日照的40%。宜排水良好的土壤。

13. 答：当花蕾长到10厘米左右时，每天上午7:00把盆株搬入暗室，或用遮光罩罩住整个植株，下午19:00将盆株搬出暗室或将遮光罩揿开，使其接受自然阳光，天黑后用100～200瓦电灯照明，这样7～10天后植株就能在上午7:00～9:00开放。

14. 答：性喜光照充足、高温多湿的环境，但对光照的适应范围很宽，十分耐荫。生长适宜温度为18～24℃，冬季最低温度不低于7～13℃。要求空气湿度70%～80%。耐修剪，萌芽力强。喜疏松排水良好、富含腐殖质的土壤。盆栽可用腐叶土、泥炭土加河沙或珍珠岩和少量基肥配制的培养土。春、秋及冬季宜多受阳光，夏季则宜遮荫。生长期每月施1～2次腐熟液肥。生长季节可充分浇水，入秋后要节制浇水。冬季置于室内光照充足处，温度维持在5～10℃。

15. 答：(1) 光照调节：月季喜光照充足，盆栽月季必须选择阳光充足的地方养护。

(2) 温度控制：月季喜温暖，耐寒，生长适宜温度22～25℃。冬季气温低于5℃时，即进入休眠。能耐－15℃的低温。夏季温度持续30℃以上时，进入半休眠。能耐35℃高温。北方地区盆栽可在温度为10～15℃的室内越冬，也可以在冷窖内越冬。

(3) 水分管理：生长期应保证供水。萌动前、孕蕾期需浇足水，夏季极怕干旱断水。浇水以干透浇透为原则，不使过干，也忌水涝。

(4) 施肥管理：在月季生育期间需经常施用有机肥料，可每隔10天左右施1次腐熟的稀薄饼肥或蹄片水，生长旺盛期每周施1次，孕蕾开花期加施1～2次速效性磷肥，入秋以后增施磷、钾肥，减少氮肥，以控制新枝生长。伏天及10月以后少施肥或不施肥。宜每年换盆、换土。

(5) 整形修剪：采用休眠期强修剪的方法。每当冬季来临前，在植株中选择3～4根枝条，留30～40厘米进行短截。花后进行轻度修剪，并适当疏枝。

模拟测试卷 A

题号	一	二	三	四	总分	
应得分	20	40	20	20	100	
实得分						
阅卷人					核准人	

注意事项：

1. 在试卷指定位置内填写内容。
2. 答案必须用蓝色（或黑色）钢笔、圆珠笔，不准用铅笔或红笔。
3. 字迹工整、清楚，各项内容不遗漏。
4. 本试卷共四种题型，满分 100 分，考试时间 100 分钟。

一、填空题（将答案写在相应的横线上，每题 2 分，共 10 题 20 分）

1. ________是进行光合作用的场所。
2. 在花芽分化阶段及花卉入房前后常采用少浇水或不浇水的方法称为________。
3. 杜鹃叶斑病是由________病害引起的。
4. 园林害虫中，叶螨是________式口器。
5. 根据我国土壤酸碱性分级，pH 为________是中性土壤。
6. 宿根花卉和球根花卉在露地花卉中由于可生存二年以上而统称为________花卉。
7. 植物生长发育的某一阶段，由于受到低温的影响而促进花芽形成的现象叫________。
8. 温度的周期变化对植物生长发育的影响，叫________。
9. 根据花卉对日照强度的不同要求，把它们分喜光花卉、耐荫花卉、________三种类型。
10. 不同的花卉在生长发育过程中，形成了各自的温度适应范围，主要包括三方面，即温度的最高点、最低点、适点，称为________。

二、选择题（每题 2 分，共 20 题 40 分。每题四个备选项，将其中一个正确的备选项序号填写在题后括号中）

1. 植物的花是由（　　）发展来的。

A. 根　　B. 茎　　C. 芽　　D. 叶

2. 在水仙、百合、郁金香等球根花卉中，能抽叶、开花的圆盘状变态茎被称为（　　）。

A. 球茎　　B. 块茎　　C. 鳞茎　　D. 根茎

3. 盆栽花卉常在以下情况下换盆（　　）。

A. 随幼苗长大，根系无法伸展由小盆换大盆以扩大营养面积

B. 盆土养分缺乏，土壤理化性变差，需要更换培养土

C. 植物根系生长不良，有根部病虫害

D. A、B、C 三种情况

4. 就吸附性能（保肥性能）来看，下列材料中，最强的是（　　）。

A. 珍珠岩　　B. 木屑　　C. 黏土　　D. 泥炭

5. 植物花芽与营养有直接关系，要使枝条充实，促进花芽分化，在花芽分化期应适当施入（　　）肥。

A. 氮　　B. 磷　　C. 钾　　D. 硼

6. 施肥主要应在花卉的（　　）时期。

A. 生长期　　B. 开花期　　C. 播种期　　D. 幼苗期

7. 防治害螨用（　　）。

A. 辛硫磷　　B. 敌敌畏　　C. 甲基托布津　　D. 尼索朗

8. 串红花叶病是（　　）。

A. 真菌病害　　B. 细菌病害　　C. 病毒病害　　D. 虫害

9. 防治蝼蛄可选择（　　）。

A. 粉锈宁　　B. 代森锌　　C. 辛硫磷　　D. 尼索朗

10. 温室植物的生长随春、夏、秋、冬的季节变化表现的周期现象，称为（　　）。

A. 年周期现象　　B. 温周期现象　　C. 年周期变化　　D. 日周期变化

11. 以下花卉中，适宜春播的一、二年生草花是（　　）。

A. 紫罗兰　　B. 鸡冠花　　C. 金盏菊　　D. 三色堇

12. 露地花卉为抑制枝条生长，促进植株矮化，同时延长花期，常用（　　）的整形修剪方法。

A. 摘心　　B. 除芽　　C. 剥蕾　　D. 短截

13. 以下（　　）适宜观叶为主的一、二年生草本花卉。

A. 羽衣甘蓝、虞美人、香雪球、桂竹香

B. 银边翠、彩叶草、雁来红、五色苋

C. 百日草、霞草、雏菊、金鱼草

D. 紫茉莉、雁来红、醉蝶花、石竹

14. 花卉中的金鸡菊、景天、芍药、玉簪等花在繁殖时常用（　　）法繁殖。

A. 分根　　B. 分根茎　　C. 分球　　D. 分株

15. 下面的花卉中，属于长日照植物的有（　　）

A. 凤仙花　　B. 一品红　　C. 小菊　　D. 仙客来

16. 露地花卉中，金盏菊、三色堇、紫罗兰、美女樱等，被称为（　　）花卉。

A. 一年生　　B. 二年生　　C. 一、二年生　　D. 多年生

17. 在下面的木本花卉中，夏季开花的有（　　）。

A. 碧桃　　B. 石榴　　C. 黄刺玫　　D. 紫荆

18. 牡丹一般在 7 ~ 8 月高温下才能形成花芽，而要使牡丹春节开花，可在春节前（　　）天逐渐给以高温。

A. 15 ~ 20　　B. 20 ~ 30　　C. 40 ~ 50　　D. 60 ~ 70

19. 秋海棠、豆瓣绿、非洲紫罗兰等花卉通常应用的繁殖方法为(　　)。

A. 叶插　　B. 枝插　　C. 嫩枝插　　D. 根插

20. 不属于原产中国的花卉是（　　）。

A. 翠菊　　B. 芍药　　C. 水仙　　D. 郁金香

三、判断题（每题 2 分，共 10 题 20 分。在题后括号内填写答案，正确的画“✓”，错误的画“×”）

1. 插花依使用目的分类，可分为东方式插花和艺术插花。（　　）

2. 配制栽培基质应包含两个组成材料，既排水透气性材料和持水保肥性材料。（　　）

3. 一串红、雏菊、鸡冠花等均需多次摘心，以促使侧枝萌发，增加开花枝数。（　　）

4. 一、二年生花卉施追肥时液肥浓度要小，掌握“薄肥勤施”的原则。（　　）

5. 温室花卉出房前应增加水分和氮肥的供给，促进植株组织成熟，增强抵抗力。（　　）

6. 病毒病害表现为花叶、畸形等症状。（　　）

7. 模纹花坛以表现图案为主，多选用低矮密集和株丛较小的花卉。（　　）

8. 瓶插第一主枝的长度为花瓶高度及瓶口宽度之和的1.5倍。（　　）

9. 二年生花卉需在子叶开展后经一段0～5℃的低温才可能花芽分化，此现象叫温周期现象。（　　）

10. 根据摘心的程度可分为轻短截、中短截、重短截几种。（　　）

四、简答题（每题5分，共4题，20分）

1. 盆栽月季的栽培管理要点有哪些？

2. 介壳虫的防治方法有哪些？

3. 露地宿根花卉生长期应如何管理？

4. 选用多种、多量花材进行插花构图时应掌握哪些要点？

模拟测试卷A答案

一、填空题

1. 叶绿体　2. 扣水　3. 真菌　4. 刺吸

5. 6.5～7.5　6. 多年生　7. 春化作用　8. 温周期现象

9. 日照中性　10. 基点温度

二、选择题

1. C　2. C　3. D　4. D　5. B　6. A　7. D　8. C

9. C　10. B　11. B　12. A　13. B　14. A　15. A　16. C

17. B　18. D　19. A　20. D

三、判断题

1. ×　2. √　3. ×　4. √　5. ×　6. √　7. √　8. ×

9. ×　10. ×

四、简答题

1. 答：（1）光照：喜光，选择充足阳光处养护。

（2）温度：喜温暖、耐寒，北方地区早春气温回声，地上部枝条开始萌动，土层以下水分仍冻冰，导致根部无法吸水，往往造成抽条，影响第二年生长，因此，北方地区常堆土防寒。

（3）施肥：生长期间需经常施有机肥，每隔10天左右施一次，孕蕾期加施1～2次速效磷肥，入秋增施磷钾肥，减少氮肥，控制新枝生长。伏天及10月以后少施或不施肥。

（4）浇水：生长期保证供水。萌动前、孕蕾期需浇足水，夏季极怕干旱断水。干透浇透，忌水涝。

（5）整形修剪：休眠期强修剪。花后轻修剪，并适当疏枝。

2. 答：(1) 保护和利用天敌（瓢虫、草蛉等）。

(2) 及时剪除虫枝、虫叶，集中烧毁。

(3) 药剂防治：初孵若虫期，喷洒800~100倍氧化乐果，或用50%马拉硫磷1500~2000倍。

3. 答：(1) 光照：因品种而异。

(2) 温度：大多数耐寒性强，春化类对夏热抗性较差。

(3) 施肥：基肥使用量比一二年生花卉高，春季及开花前后追肥，入秋叶枯时增施磷钾肥。

(4) 浇水：春水及冻水浇足，雨季防涝。

(5) 整形修剪：常用摘心、除芽、剥蕾、修剪等。花后除残花。过密过老株及时分载。

4. 答：(1) 主次分明。花材与容器间的关系，应以花材为主，容器为次。花材与衬叶的关系，应以花材为主。花材之间的关系，应以1~2种为主。

(2) 保证花材间的某些一致性，使花材在变化中求得统一。

模拟测试卷 B

题号	一	二	三	四	总分	
应得分	20	40	20	20	100	
实得分						
阅卷人					核准人	

注意事项：

1. 在试卷指定位置内填写内容。
2. 答案必须用蓝色（或黑色）钢笔、圆珠笔，不准用铅笔或红笔。
3. 字迹工整、清楚，各项内容不遗漏。
4. 本试卷共四种题型，满分 100 分，考试时间 100 分钟。

一、填空题（将答案写在相应的横线上，每题 2 分，共 10 题 20 分）

1. 叶是植物的三大 __________ 器官之一。

2. 植物的生长和发育受限于一定温度范围，其中有最高点、最适点和最低点，称为 __________。

3. 培养土应满足花卉生长、发育所需的物理性状主要指土壤结构、排水性、__________、持水保肥等能力。

4. __________ 花材在插花中起着主花或润饰的作用。

5. 菊天牛是危害菊花、朱顶红的一种 __________ 性害虫。

6. 花卉病害分为侵染性病害和 __________ 病害两大类。

7. pH >7 的土壤称之为 __________ 性土壤。

8. 三色堇等植物需经低温才能开花的现象称为 __________。

9. 露地宿根花卉整形修剪常用的措施有 __________、除芽、剥蕾、修剪等。

10. 观赏花木的修剪种类有疏剪和 __________ 两种。

二、选择题（每题 2 分，共 20 题 40 分。每题四个备选项，将其中一个正确的备选项序号填写在题后括号中）

1. 仙人掌的刺是（　　）。

A. 叶的变态　B. 茎的变态　C. 根的变态　D. 花的变态

2. 生长在地下具有储藏功能的茎称为贮藏茎，（　　）就具有这种贮藏茎。

A. 百合　　B. 芦苇　　C. 大丽花　　D. 天门冬

3. 植物花芽与营养有直接关系，要使枝条充实，促进花芽分化，在花芽分化期应适当施入（　　）肥。

A. 氮　　B. 磷　　C. 钾　　D. 硼

4. 盆栽培养土是指以园土、肥料等为材料，经过人工配制后，具有良好的（　　），以满足植物生长需要的混合土。

A. 物理、化学性状　　B. 养分、水分含量

C. 排水性、疏松性　　D. 消毒措施

5. 下列肥料中（　　）是化肥。

A. 麻渣　　B. 绿肥　　C. 尿素　　D. 堆肥

6. 从通气性能来看，最强的材料是（　　）。

A. 蛭石　　B. 木屑　　C. 陶粒　　D. 泥炭

7. 植物氮素营养缺乏的症状之一是（　　）。

A. 叶色浓绿　　B. 植株矮小　　C. 柔软多汁　　D. 营养体徒长

8. 防治害螨用（　　）。

A. 辛硫磷　　B. 敌敌畏　　C. 甲基托布津　　D. 尼索朗

9. 介壳虫防治的关键时期是（　　）期。

A. 越冬　　B. 若虫孵化　　C. 蜡质形成　　D. 成虫

10. 锈病类病部常呈现（　　）病症。

A. 白色粉层　　B. 褐色斑点　　C. 花叶　　D. 锈黄色粉状

11. 下列植物病害属于病毒侵染引起的是（　　）。

A. 杜鹃叶斑病　　B. 大丽花花叶病

C. 月季白粉病　　D. 兰花炭疽病

12. 一、二年生花卉中，常需要进行摘心的是（　　）。

A. 一串红、百日草、翠菊、矮牵牛

B. 雏菊、石竹、福禄考、三色堇

C. 凤仙花、鸡冠花、桂竹香、金鱼草

D. 虞美人、千日红、半支莲、紫罗兰

13. 环境条件对三色堇开花最不利的是（　　）。

A. 高温　　B. 树阴　　C. 水分　　D. 土壤

14. 锥花福禄考的生物学习性中最忌（　　）。

A. 阳光不足　　B. 夏季高温　　C. 冬季低温　　D. 土壤肥沃

15．花卉中的金鸡菊、景天、芍药、玉簪等花在繁殖时常用（　　）法繁殖。

A．分根　　B．分株　　C．分球　　D．分茎

16．在水仙、百合、郁金香等球根花卉中，能抽叶、开花的圆盘状变态茎被称为（　　）。

A．球茎　　B．块茎　　C．鳞茎　　D．根茎

17．羽衣甘蓝为观叶为主的二年生花卉，根据其叶色变化分成（　　）两个类型。

A．绿叶类、紫叶类　　B．黄白类、红紫类

C．花叶类、红紫类　　D．黄白类、花叶类

18．（　　）为耐荫花卉。

A．天竺葵　　B．杜鹃　　C．扶桑　　D．一品红

19．（　　）为长日性植物。

A．凤仙花　　B．叶子花　　C．菊花　　D．蟹爪兰

20．下列植物（　　）不属于球根花卉。

A．水仙　　B．百合　　C．仙客来　　D．鸢尾

三、判断题（每题2分，共10题，20分。在题后括号内填写答案，正确的画“✓”，错误的画“×”）

1．栽培基质的配制，是根据植物生长对水分和透气性的要求，选用特定的材料混合而成。（　　）

2．播种育苗、嫩枝扦插育苗和温室植物越夏栽培均可在荫棚内进行。（　　）

3．春花类宿根花卉，对夏热的抗性较弱（　　）

4．植物分类的最小单位是品种。（　　）

5．冷室用作需要低温春化的花卉作低温处理的场所。（　　）

6．生理性病害是由于受到生物侵染引起的。（　　）

7．适当温差能延长开花时间和果实着色鲜艳等作用。（　　）

8．摘心不仅促使植株矮化、还能推迟花期。（　　）

9．花坛布置要求所用花卉的花期、花色、株形错落有致。（　　）

10．艺术插花下垂型构图多选用线状直立型的花材，如唐菖蒲。（　　）

四、简答题（每题5分，共4题，20分）

1．什么是摘心？摘心对花卉生长有何作用？

2．为什么氮、磷、钾肥要配合使用？

3．简述露地球根花卉的栽植要点。

4. 花坛花卉应符合哪些质量要求?

模拟测试卷 B 答案

一、填空题

1. 营养　2. 基点温度　3. 透气性　4. 团块状
5. 钻蛀　6. 非侵染性　7. 碱　8. 春化作用
9. 摘心　10. 短截

二、填空题

1. A　2. C　3. B　4. A　5. C　6. C　7. B　8. D
9. B　10. D　11. B　12. A　13. A　14. B　15. A　16. C
17. B　18. B　19. A　20. D

三、判断题

1. ✓　2. ✓　3. ✓　4. ×　5. ×　6. ×　7. ✓　8. ✓
9. ×　10. ×

四、简答题

1. 答:摘心是指摘除正在生长中的顶端。摘心可促使侧枝萌发,增加开花枝数,使植株矮化,株型圆整,开花整齐。也有抑制生长,推迟开花的作用。

2. 答:氮、磷、钾元素在植物体内各有不同的生理功能。氮素是组成蛋白质、叶绿体、维生素的成分,是植物营养生长不可缺少的物质。缺氮的植物生长受到抑制,叶片缺绿;氮素过多则会引起徒长。磷肥可促进花芽分化和幼根幼芽的生长,能增强植物的抗寒能力。钾肥可促进光合作用,使根系、茎杆强壮,增强植物的抗寒、抗旱及抗病力。

3. 答:(1) 种植和繁殖的时期春、秋都有。大多数球根花卉宜选择阳光充足之处。

(2) 种植深度常为球直径的 2 倍左右。

(3) 如需施基肥时,适当加大栽植穴或沟的深度,撒肥后盖一层园土,然后栽球根。

4. 答:(1) 植株直立不易倒伏,基部分枝强,根系好。(2) 植株的类型标准化。(3) 植株无病害和机械损伤。(4) 花蕾露色,开花及时,用于花坛时能体现最佳效果。

附录 1

中级花卉工职业技能岗位标准

1. **知识要求**（应知）

（1）掌握常见花卉的生态习性及环境因子对花卉生长的影响和作用。

（2）掌握土壤分类及其特性、常用肥料的性能及施用方法 ，并了解常用微量元素对花卉生长的作用。

（3）掌握常见花卉病虫害的发生时间、部位和防治方法。

（4）了解常用花卉栽培设备及设施。

（5）掌握一般花坛配置和花卉室内布置、展出及切花的应用等知识。

（6）了解常见花卉选育的一般知识。

2. **操作要求**（应会）

（1）识别常见花卉 80 种以上。

（2）掌握常见花卉的各种繁殖技术，并能培育有一定技术难度的花卉品种。

（3）掌握各种花卉培养土的配制，并能根据花卉的生长发育阶段进行合理施肥和病虫害防治。

（4）掌握花坛配置和插花制作以及室内花卉布置。